KB144262

# 별빛 방랑

# 별빛 방랑

천체 사진가 황인준의
별하늘 사진 일기

황인준

사이언스
SCIENCE BOOKS 북스

사랑하는 가족과 별 친구들, 고향 분들,

그리고 별을 사랑하는 모든 분께

# 별빛은 우주의 타임머신이다

누군가 말했다. 하늘과 우리가 사는 땅 사이, 그 엄청난 간극을 메우기 위해서는 반드시 알코올 든 음료가 필요하다고. 하지만 저자는 카메라와 망원경만 있으면 곧 우주의 일부가 된다.

어릴 적 그는 모닥불 꺼진 하늘을, 멍석 위에 누워 올려다보던 그때부터 우주 유영에 빠졌다. 그러다 고교 시절, 본인 소유의 망원경이 생기자 본격적인 여행에 나선다. 먼 바다로 나가려면 큰 배가 필요하듯 아득한 시공을 탐구하기 위한 더 큰 '우주선'이 간절했다. 불혹에 들어선 그는 고향에 내려가 2억 광년 밖 은하단까지 갈 수 있는 타임머신을 건조한다.

그의 '별빛 방랑'은 고향인 온양, 호빔 천문대에서 출발한다. 그러고는 통영과 기리시마를 지나 2000킬로미터 떨어진 몽골 땅, 3600킬로미터 밖 중국 신장 성, 4600킬로미터를 가야 하는 알래스카 페어뱅크스, 이어 6000킬로미터 밖 오스트레일리아 케언스에 이른다.

그가 지구 반지름만큼 떨어진 서호주 땅을 밟은 것은, 한국에선 볼 수 없는 남쪽 하늘의 별과 은하들을 사진에 담기 위해서였다. 타임머신은 그를 태우고 1.3초 전의 달과 8분 20초 전의 태양, 1시간 30분 전의 토성과 1000년 전의 마녀머리성운, 마침내 2억 광년 밖 스테판 4중주단에 다다른다. 그럼에도 그는 고독을 느낀다 했다. 그건, 우리가 태초를 생각할 때 가슴을 죄고 몸을 떨게 하는 원초적 두려움 때문인지도 모른다.

저자가 썼듯, 『별빛 방랑』에는 별을 보지 않는 사람들에게 전하고픈, 사람과 풍경과 별이 담긴 수채화 같은 에피소드가 있다. 당신은 어쩌면 그의 다음 여정에 동참하는 운 좋은 독자가 될지도 모른다.

문홍규(천문학자, 한국천문연구원 책임 연구원)

# 별세계, 별빛 사냥꾼

인공 불빛이 요란한 도시에서도 별을 볼 수 있다. 밝은 가로등에서 살짝 비껴서면 보이는 별을 볼 때면 아련한 마음이 들곤 한다. 시골의 맑은 여름 밤하늘은 성찬이다. 쏟아지는 별이 오히려 당혹스럽기만 하다. 그리고 다음 순간 별 속으로 빨려 들어가는 것만 같은 착각에 빠진다. 아마 이런 경험이 한 번쯤은 있을 것이다. 별이 아닌 천체도 맨눈으로 볼 수 있다. 안드로메다 은하는 가을밤 비교적 쉽게 목격할 수 있는 대상이다. 물론 아주 어두운 곳으로 가야만 한다. 별을 본다는 것은 어떤 것일까.

밤하늘에는 눈에 보이지 않는 더 깊은 세상이 있다. 쌍안경이나 망원경을 통해서 본 세상은 그야말로 별세계다. 아무것도 없는 것처럼 보이던 빈 하늘 속에서 별들이 나타난다. 별들이 모인 성단도 보이고 성운도 보이고 은하도 보인다. 더 성능 좋고 더 큰 망원경으로 보면 더 어두운 별과 천체를 볼 수 있다. 망원경이 도와주고 눈으로 보는 것이다. 별을 본다는 것은 어떤 것일까.

망원경으로 봐도 보일까 말까 한 별들도 있고 성단도 있고 은하도 있다. 망원경에 카메라를 붙이고 오랫동안 노출을 하면(또는 짧게 노출을 준 사진을 여러 장 합치면) 보이지 않던 천체들이 모습을 드러낸다. 망원경과 사진의 합작품을 눈이 보는 것이다. 망원경의 도움을 받아도 눈으로는 결코 볼 수 없는 색깔도 볼 수 있다. 시간의 축적의 결과다. 별을 본다는 것은 어떤 것일까.

황인준은 눈이고 망원경이고 카메라다. 황인준은 또 사진이다. 눈으로 볼 수 있는 별부터 망원경으로 간신히 보이는 천체까지, 그리고 사진으로만 그 모습을 확인할 수 있는 천체에 이르기까지 밤하늘의 모든 모습을 황인준은 사냥한다. 그의 사냥에 걸려든 천체들은 황인준의 천체 사진 속에 갇히게 된다. 덕분에 우리는 가만히 앉아서 온갖 천체들을 구경하는 호사를 누릴 수 있다. 『별빛 방랑』은 별빛 사냥꾼 황인준이 별을 본다는 것이 어떤 것인지 스스로에게 말하는 독백이다. 우리는 그저 그것을 즐기기만 하면 된다.

이명현(천문학자)

# 방랑을 떠나는 별지기

오랜 세월 밤하늘에 매료되어 내 인생 모두를 별빛과 맞바꾸었습니다. 천체 사진은 가장 어려운 촬영 분야에 속한다고 생각합니다. 날 맑은 밤이면 늘 망원경과 함께하며 우주를 동경하고 또 그 감동을 공유하고자 사진을 찍습니다. 아무도 눈여겨보지 않고 화려하지도 않지만 천체 사진은 나름의 매력이 있습니다. 살을 에는 매서운 칼바람이 있는 겨울밤에도 눈꺼풀이 천근만근 무거운 졸린 한밤중에도 별 친구들과 밤하늘의 별과 함께라면 행복감에 젖어 언제든 장비를 설치하고 카메라를 겨누고 한 것이 어느덧 35년이 넘었습니다.

유학 후 돌아와서는 직장 생활에 바쁘다는 핑계로 오랜 세월 별을 떠나 있었지만 늘 마음속에 함께한 별과 우주는 나의 영원한 동경이자 삶의 원동력이었습니다. 직장 생활을 접고 고향 땅 온양에 내려와 천체 사진가의 길을 본격적으로 걷기 시작한 지 10여 년. 짧지 않은 그 시간 속에는 빛이 바래지 않은 수많은 기억들이 수백 장의 천체 사진과 함께 고스란히 남아 있습니다. 사진을 찍으며 느꼈던 감상과 환경에 대한 생각들은 남은 인생의 진로를 결정할 만큼 중요한 자산입니다. 얼마나 많은 사진을 다양하게 촬영했는지는 중요하지 않다고 생각합니다. 단지 별지기들, 밤하늘을 동경하는 이 땅의 젊은이들, 그러지 못했던 앞서 간 분들과 우리의 미래인 어린이들에게 이런 삶도 있구나 하고 잠시 생각하는 그런 책이 되기를 바랍니다.

우주는 인간의 시간과 공간 개념을 뛰어넘는 거대한 존재입니다. 그래서 이 책은 아름다운 우리 지구를 우주 속에서 찾는 사진에서 출발해 달과 태양, 행성, 우리 은하 안의 아름다운 성운 성단들, 더 나아가서는 우주 가장자리까지, 우리 은하에서 아주 먼 은하들의 사진을 따라 우주 여행을 하는 기분이 들도록 했습니다.

천체 사진은 제게 도전이며 또 기쁨이며 삶의 존재 이유입니다. 비록 허블 망원경에는 못 미치지만 우주를 사랑하는 한 사람으로서, 밤하늘을 사랑하는 한국의 젊은 장년으로서 그동안 찍은 사진들을 이곳에 모아 봅니다. 이 책을 사랑하는 가족과 별 친구들, 고향 분들, 그리고 별을 사랑하는 모든 분께 바칩니다.

황인준

# 이 책에 대하여

## 별빛 방랑기

이 책은 10여 년 동안 어두운 밤하늘을 따라다니며 찍은 별들에 대한 것입니다. 호빔 천문대에서, 또 지구에서 출발한 빛은 푸른 행성 지구에서 태양계 가족들을 지나 은하수의 성운, 성단, 그리고 외부 은하까지, 시간을 거슬러 멀어져 갑니다. 그 빛을 따라가는 별 사진과 별 이야기 사이에 별빛 방랑기들이 들어갑니다. 밤하늘에는 수많은 별자리들이 있습니다. 물리적으로 이 별들의 지구로부터의 거리는 각기 다릅니다. 하지만 우리는 이 별들을 우리를 둘러싼 커다란 구(천구)에 투영시켜 각기 지구상의 인간 기준으로 좌표를 만들고 성도를 만듭니다.(천구상의 좌표는 적경값(RA, right ascension)과 적위값(DEC, declination)으로 나뉘는데, 성도를 갖고 있다면 사진 설명에 표기된 좌푯값만으로 대상을 찾을 수 있도록 했습니다.)

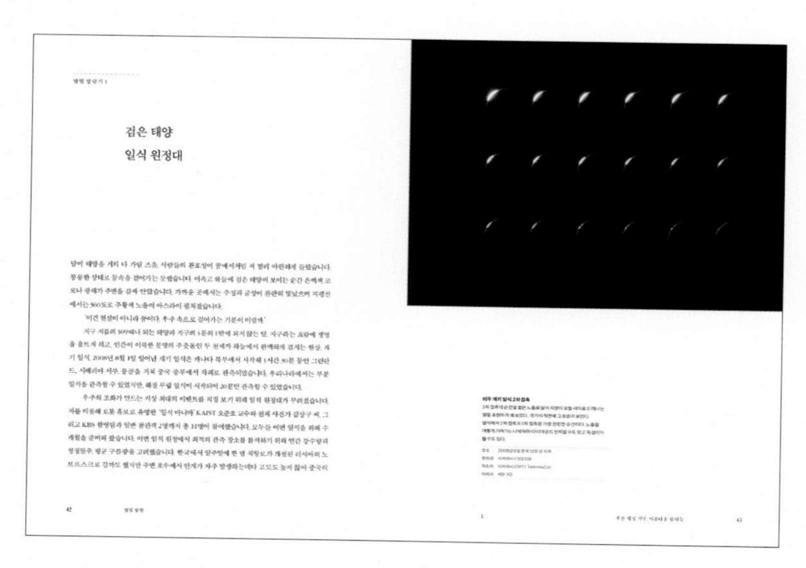


이 책에서 6편의 별빛 방랑기를 보실 수 있습니다. 천문 사진을 찍기 위해 방랑해 온 시간들의 한 토막입니다.

# 별빛 사진들

밤하늘의 밝기는 상대적입니다. 우리 눈은 밝은 곳에 있다가 어두운 곳에 가면 아무것도 보이지 않다가 동공이 열리며 좀 더 많은 빛을 받아들이기 위해 여러 기관들이 시각에 에너지를 집중합니다. 그러면 점점 더 미약한 빛을 볼 수 있게 암적응이 일어납니다. 밝고 어두움, 안정된 하늘과 그렇지 못한 하늘 등 모든 어두운 밤하늘의 환경들을 수치로 표시하거나 나름대로의 기준으로 정리를 합니다.

밤하늘에서 관측할 수 있는 대상에는 해와 달 외에도 행성, 소행성, 혜성 등 많은 천체들이 있습니다. 그중에서도 역시 주요 대상은 별입니다. 우리가 '별'이라고 하는 대상들은 태양과 같이 스스로 빛을 내는 항성을 가리킵니다. 태양에서 가장 가까운 별인 센타우르스자리 알파별은 빛의 속도(초속 30만 킬로미터)로 4년 4개월을 날아가야 합니다. 그만큼 먼 곳에 있기 때문에 이론상 별은 점입니다. 하지만 지구상의 망원경으로 별을 관측하면 대기의 일렁임과 공기 중의 부유물질, 망원경을 구성하는 렌즈 등의 오차로 인해 면적이 있는 것처럼 보입니다. 이 면적이 크게 촬영되는 날을 '시상'이 안 좋은 날이라고 하며 별이 작게 촬영되면 시상이 좋은 날이라고 합니다. 시상이 좋은 날에 별을 촬영하면 좀 더 자세한 모습을 촬영할 수 있습니다.

지상에서 찍을 수 있는 천체는 정말 다양합니다. 태양계 내의 행성과 소행성은 물론이고 수십억 광년 떨어진 은하까지도 사진에 담을 수 있습니다. 천체에 대한 짤막한 소개와 촬영 정보를 담았습니다.

## 별빛을 좌우하는 요소들

시상(seeing, 대기의 안정된 정도를 10을 만점으로 10단계로 나누어 표기합니다. 나름대로 기준이 있지만 상당히 주관적으로 매깁니다. 한국은 편서풍대에 위치해 있어 적도 부근이나 저위도에서 촬영한 천체 사진보다 좋은 사진을 얻기 힘들기 때문에 대기의 움직임 관측에 집중하게 됩니다.)과 투명도(trans, transparency, 얼마나 대기가 청명한지 나타내는 기준으로 사용합니다. 역시 주관적입니다. 투명도가 좋지 않은 날은 시상이 좋은 경우가 많습니다.)로 행성 촬영 당시의 하늘 상태를 표기합니다. 대개 투명도도 좋고 시상도 안정된 날은 아주 드뭅니다. 행성 촬영은 잘 정비된 망원경과 카메라의 감도, 촬영 장비에도 영향을 받지만 시상과 투명도가 좋은 사진을 촬영할 수 있는 중요한 조건이 됩니다.

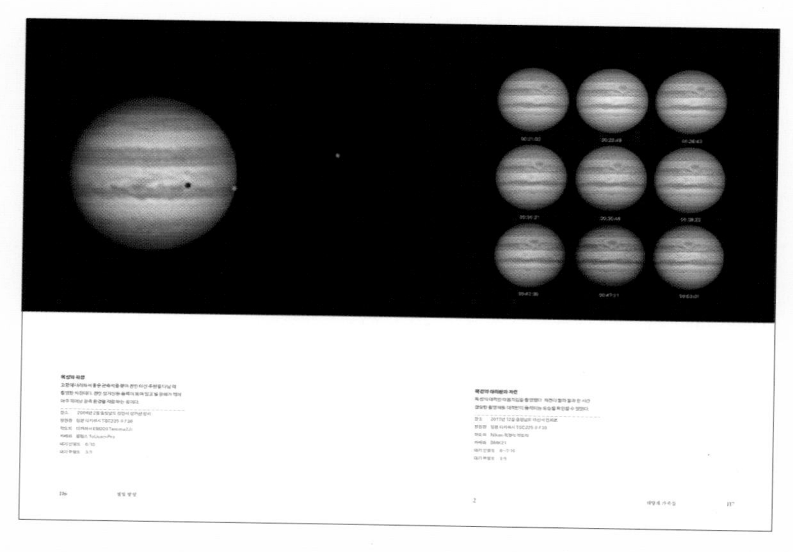

이 책은 기본적으로 천문 사진집입니다. 사진을 찍은 날짜와 장소, 망원경, 적도의, 카메라, 노출 시간 등의 정보를 함께 제공해 천문 사진에 관심을 가진 분들에게 도움이 되도록 했습니다.

## 별빛을 잡는 장비들

촬영 장비는 촬영 대상의 크기와 촬영자의 의도에 따라 정해집니다. 일반적으로 딥스카이(deep sky, 심천(深天))를 촬영하지 않는 사람들은 미국의 허블 망원경의 사진을 예를 들어 그보다 더 잘 촬영할 수 없다고들 합니다. 하지만 제가 촬영할 수 있는 사진을 허블 우주 망원경은 촬영할 수 없는 경우도 있습니다. 카메라와 망원경의 조합으로 만들어지는 촬영 영역의 크기가 달라지기 때문입니다. 이것을 '화각'이라 합니다. 개인차가 있지만 우리 눈의 홍채는 5~7밀리미터 구경의 렌즈 역할을 하고 망막은 약 60도의 시야각으로 상을 맺습니다. 광학적으로 본다면 아주 뛰어난 광학계인 셈입니다. 우리는 이 뛰어난 쌍안경으로 별자리 몇 개를 눈에 담을 수 있습니다. 우리 눈이 허블 우주 망원경에 뒤지는 부분은 집광력(빛을 모으는 능력으로 보통 눈의 몇 배로 표기합니다.)과 그에 따른 분해능(어느 정도 좁은 영역을 구분해 내는가 하는 정도) 정도입니다. 그러므로 제가 가진 장비들은 저마다 표현하는 데 강점이 있는 분야가 있게 마련입니다.

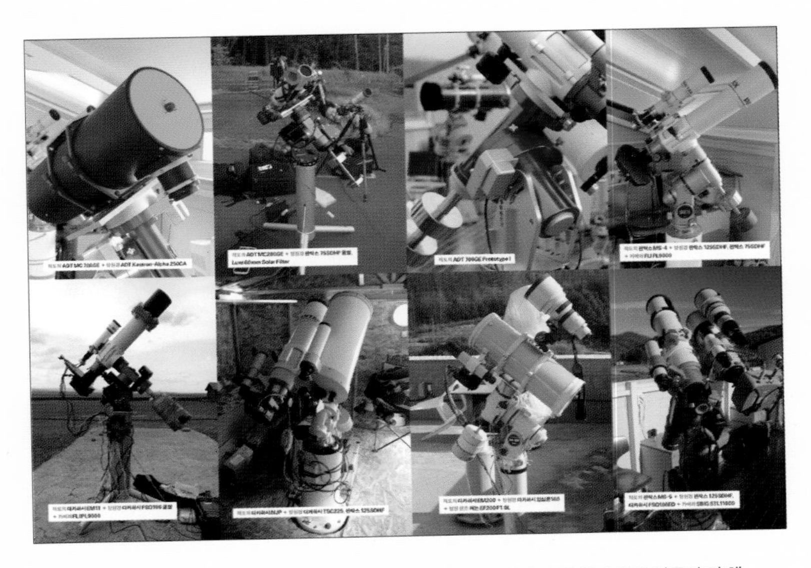

35년간 천문 사진을 촬영해 오면서 많은 장비들의 도움을 받았습니다. 사진 옆의 촬영 기록과 이 책 말미의 장비 정보를 참조하시면 다양한 장비의 특성과 성능을 좀 더 이해하실 수 있습니다.

천체 사진 장비 분야에서도 비약적인 발전이 있었습니다. 불과 10여 년 전만 해도 대부분의 천체 사진 촬영은 필름으로 이루어졌습니다. 저 역시 필름으로 촬영하던 시절을 기억합니다. 그때와 디지털 영상 센서들을 이용한 오늘날 사이의 가장 큰 차이점은 바로 현상입니다. 예전에는 본인이 원하는 필름을 찾아 사용하고, 필름의 특성 그대로 현상소에서 현상합니다. 다시 말하면 색의 균형이나 계조의 특성, 최대 감광 특성 등이 필름 회사의 생산 목적에 맞게 처음부터 정해져 있는 것입니다. 하지만 최근의 디지털 천체 사진은 어떤 카메라를 쓰든 상관없이 '디지털 현상'을 하게 됩니다. 다시 말해 색균형(color balance) 조정, 계조 조정, 노이즈 제거 등을 촬영자가 직접 작업해 컴퓨터 모니터에서 구현하는 작업을 필요로 합니다.

일반적인 디지탈 카메라나 동영상 카메라를 사용하기도 하지만 디지털 현상에서 중요한 것은 천체 사진 전용 냉각 CCD 카메라입니다. 노출을 오래 해야 해서 CCD센서를 장시간 가동하게 되면 고유의 노이즈가 생깁니다. 이것을 억제하기 위해 CCD를 일정한 온도로 냉각시켜 노이즈를 억제하고, 노이즈만을 촬영해 컴퓨터로 제거하는 기법을 씁니다. 천체 사진 전용 냉각 CCD 카메라는 대개 흑백 CCD입니다. 각기 빨간색(R), 초록색(G), 파란색(B) 파장만을 통과시키는 필터를 이용해 흑백 밝기 정보와 색 정보를 따로 얻게 됩니다. CCD 카메라의 능력을 최대한 끌어내기 위한 방법입니다.

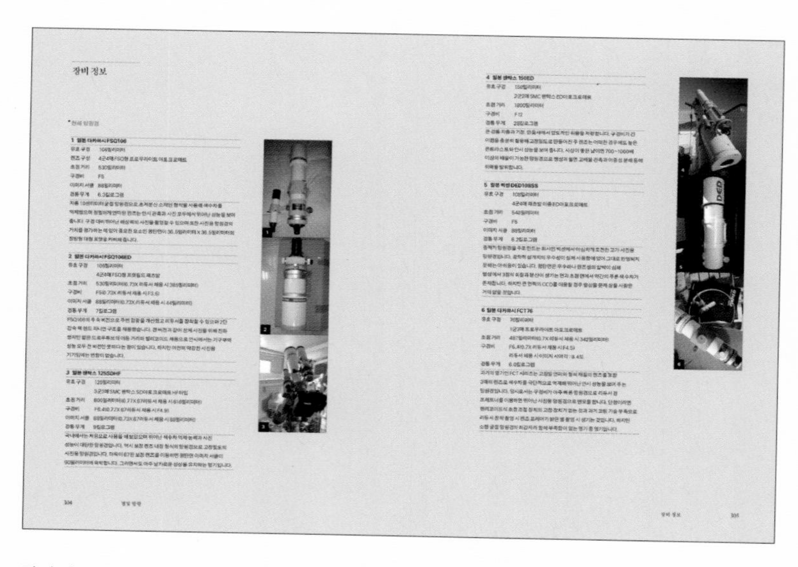
장비 정보

장비 정보에서는 국산과 외국산을 명시하고 망원경과 카메라, 렌즈의 구경과 초점 거리, 경통 무게 등도 상세하게 소개하고 있으므로 장비 마련을 계획하시는 분들에게 도움이 될 것입니다.

지상에서는 인간이 만들어 내는 빛에 비해 별빛은 미약합니다. 아무리 어둡고 좋은 하늘에서 얻은 별빛과 은하수 사진이라고 해도 조그마한 전등 불빛 하나에 묻혀 버리고는 합니다. 천체 사진가들은 불빛을 피해 어두운 하늘을 찾아 떠나고는 합니다. 그리고 그 별빛을 담고자 노력합니다. 아무도 눈여겨보지 않는 분야에서 맑은 밤 지구를 떠나 우주 여행을 하기 위해 밤하늘을 뒤집니다. 이 책은 그런 천체 사진가들의 감상과 감동을, 그리고 사람 사는 이야기를 나누고자 하는 책입니다. 이제 준비가 되셨습니까? 그럼 별빛 방랑을 떠나 보시지요.

추천사 별빛은 우주의 타임머신이다 문홍규 7

별세계, 별빛 사냥꾼 이명현 8

책을 시작하며 방랑을 떠나는 별지기 9

이 책에 대하여 10

1 푸른 행성 지구, 아름다운 밤하늘 19

별빛 방랑기 1 검은 태양 일식 원정대 42

별빛 방랑기 2 남반구의 겨울 별자리 60

별빛 방랑기 3 다시 사막으로 78

2 태양계 가족들 91

별빛 방랑기 달 착륙 기념 지도 96

차 례


3 은하수의 성운, 성단 123

별빛 방랑기 5 겨울 은하수 여행 150

4 외부 은하 249

별빛 방랑기 6 봄날의 바람골 276

여행을 마치며 기억 속의 별 풍경 297

장비 정보 304

천체 망원경 304

적도의 312

카메라 314

# 1

# 푸른 행성 지구, 아름다운 밤하늘

풍경이나 유적지 등을 별과 함께 찍는 것은 우주 속 푸른 행성 지구의 아름다움을 표현할 수 있다는 면에서 매력이 많은 분야입니다. 외부 조건이나 기술적인 부분보다는 작가의 풍부한 감성과 상상력이 사진에 묻어날 때 감동이 녹아든 사진을 찍을 수 있을 것입니다.

인간은 우주에서 너무도 외로운 존재일지도 모른다는 생각을 합니다. 수많은 우연과 아슬아슬한 줄타기를 하며 험난한 우주를 긴 세월 헤쳐 나가는 이 눈부시도록 아름다운 행성 지구의 아름다움에 고마워 해야 한다고 봅니다. 그렇다면 여행을 떠날 때 삼각대와 릴리즈, 카메라를 들고 떠나 봅니다. 매 순간 감동으로 다가오는 아름다움에 셔터를 누르면, 달과 태양이 있을 수도 있고 별과 노을, 구름이 수놓일 수도 있습니다. 그렇게 세계의 여러 곳에서 찍은 우주 속의 지구 사진들을 모았습니다.

여행은 여기서 시작합니다. 충남 아산시 송악면 마곡리 377번지. 이곳에 나의 자그마한 개인 천문대인 호빔 천문대가 있습니다. 날이 맑은 밤이면 혼자 또는 별 친구와 이곳을 지킵니다. 천문대의 남쪽 사면은 계단식 논이 산의 초입까지 연결됩니다.

올 겨울은 유난히 눈이 많습니다. 어릴 적 겨울을 생각하면 그늘의 잔설이 겨우내 얼어 있던 기억이 나는데 요즈음이 그렇습니다. 눈이 많은 겨울밤은 강한 상승 기류가 있는 경우가 아니면 하늘이 잿빛으로 변하기 일쑤입니다. 하지만 온 세상을 덮은 하얀 눈과 맑은 하늘, 그리고 아산의 광해와 달빛이 음악과 어우러져 제법 감상적인 기분을 자아냅니다. 이날은 바람골이라는 마곡리의 별칭과 어울리지 않게 아주 고요했습니다.

겨울의 대표 별자리인 오리온자리가 광덕산의 동남쪽 사면을 따라 하늘로 올라가는 모습을 촬영한 것입니다. 오리온자리는 어릴 적부터 가슴을 두근거리게 하는 별자리입니다. 딱 벌어진 어깨와 벨트, 그리고 허리에 찬 칼은 거대한 오리온을 느끼게 하기에 충분합니다. 자그마한 마을의 가로등 불빛들이 보입니다.

**호빔 천문대의 남쪽 밤하늘**

감도 250으로 하고 조리개는 열고 노출을 20분 정도 주었다.

장소 2008년 12월 충청남도 아산 호빔 천문대

수년 전 소매물도 여행을 위해 머문 곳은 통영입니다. 저 멀리 통영의 빛들이 하늘을 가르고 내해의 잔잔함은 하늘의 별빛과 어우러져 밤의 아름다움을 더합니다. 달빛에 바닷속이 보이고 큰개자리의 알파별인 시리우스의 빛이 바다에도 보이는 그런 밤입니다. 우리는 지구라는 행성에 삽니다. 통영은 호빔 천문대에서 약 250킬로미터 떨어져 있답니다.

**통영의 밤바다**

2년 동안 벼르던 소매물도를 여행하기 위해 통영의 한적한 펜션에서 하루를 묵었다. 대전 통영 간 고속도로가 개통되고는 멀게만 느껴지던 섬 여행이 한결 수월해졌다.

장소 2006년 3월 경상남도 통영

▶ 감도는 낮추고 조리개는 열고는 노출을 10분 정도 준 사진

▼ 감도는 낮추고 조리개는 열고는 노출을 7분 정도 준 사진

기리시마는 일본의 나가사키에서 가까운 화산 지형의 지역입니다. 금환 일식의 관측은 처음이었습니다. 전날 이곳에는 비바람과 태풍이 몰아쳐 관측이 불가능한 상황이었습니다. 하지만 관측 직전 구름 사이로 맨눈으로 관측과 촬영을 할 수 있었습니다. 개기 일식과는 감동에서 차이가 나지만 장관이었습니다. 이것 역시 신이 준 선물이 아닐까 합니다.

**일본 기리시마 금환 일식**

기상예보는 한국과 달리 너무 암울해서 기적적으로 비가 내리던 하늘에 약간의 틈이 생기고 그 작은 틈 사이로 금환 일식을 관측했다. 금환 일식은 94퍼센트라도 맨눈으로는 볼 수 없는 것인데 때마침 구름이 적당히 끼어서 마치 개기 일식을 보는 듯한 감동을 느낄수 있었다. 구름과 필터 때문에 빨강 일색의 구름 사이로 보이는 태양을 잘 보이게 하기 위해 색 보정을 했다.

| 장소 | 2012년 5월 일본 기리시마 |
|---|---|
| 망원경 | Pentax 75SDHF + Lunt 60밀리미터 Solar Filter |
| 적도의 | 아스트로드림테크 Morning Clam 200GE |
| 카메라 | 캐논 5D Mark III |

금환 일식에서의 백미는 역시 개기 일식과 마찬가지로 식심 직전인 2차 접촉 때입니다. 이때는 달의 경계부 표면의 지형의 요철 사이로 태양빛이 들고 납니다. 극적인 순간은 개기식의 그것과는 차이가 나지만 아름답습니다. 지구 지름의 109배인 태양과 지구 지름의 4분의 1인 달이 만들어 내는 이 아름다운 하모니는 우주에서도 드문 일일 것입니다. 기리시마는 호빔 천문대에서 약 900킬로미터 떨어져 있습니다. 식심(蝕甚)이란 일식이나 월식이 일어날 때 태양이나 달이 가장 많이 가린 때를 말합니다.

**일본 기리시마 금환 일식**

달과 태양의 경계선에서 달의 지형이 가진 요철이 잘 드러나게끔 색 대비를 달리 해 보았다. 세상에서 가장 큰 이 반지는 수년 만에 아내에게 선물하기로 한다.

| | |
|---|---|
| **장소** | 2012년 5월 일본 기리시마 |
| **망원경** | Pentax 75SDHF + Lunt 60밀리미터 Solar Filter |
| **적도의** | 아스트로드림테크 Morning Clam 200GE |
| **카메라** | 캐논 5D Mark III |

몽골 울란바타르에서 북동쪽으로 30여 킬로미터를 가면 한국인이 운영하는 파라다이스 리조트가 나옵니다. 한국의 하늘은 빛 공해와 중국에서 날아오는 미세 먼지로 맑고 투명한 하늘을 만나기 힘듭니다. 반면 몽골은 해발 평균 1500미터 정도의 고지대에 건조하며 맑고 깨끗한 공기 덕분에 날이 맑으면 별이 쏟아지는 아름다운 밤하늘을 볼 수 있는 곳입니다.

밤하늘의 성운과 성단이 쌍안경이나 맨눈으로 보이는 밤하늘은 비행기를 타서라도 가서 볼 만한 가치가 있는 것입니다. 테를지 국립 공원은 호빔 천문대에서 2300킬로미터쯤 떨어져 있습니다.

**몽골 테를지 국립 공원**

**몽골의 태양과 하늘**

하늘이 깊고 깊어 태양을 향해 셔터를 누르면 놀랍게도
태양 바로 옆도 파란 하늘이 드러난다. 부유 물질과
습도가 극명하게 적다는 것을 의미한다.

**몽골 파라다이스 리조트 남쪽 하늘**

점상 촬영을 할 때에는 감도를 최대한 높이고 30초 이내로 촬영한다. 물론 조리개는 최대 개방에서 한 단계 정도 낮추고 촬영한다. 사진에 많은 별이 포착되고 마치 현장에서 눈으로 본것 같은 풍경을 촬영할 수 있다.

| 장소 | 2010년 10월 몽골 울란바타르 인근 파라다이스 리조트 |
|---|---|

투명도가 좋고 깨끗한 밤하늘에서는 달빛조차 별의 미약한 빛을 방해하지 못합니다. 별지기에게 이런 하늘과 보내는 하룻밤은 마치 꿈 같은 것입니다. 별 친구가 있으면 금상첨화이지요. 게르라는 몽골 천막 안은 난방이 안 되는 관계로 무척 춥습니다. 하지만 별빛 쏟아지는 하늘은 분명 우리가 지구라는 행성에 살고 있다는 자각을 갖게 합니다. 울란바타르의 빛 공해를 뚫고 겨울의 대삼각형이 오리온자리를 중심으로 떠오릅니다.

**몽골 파라다이스 리조트 남쪽 하늘**
게르 너머 오리온자리의 일주 사진이다. 밤에는 10월이지만 영하 가까이 기온이 떨어진다. 20분 한 장의 이미지로 달을 넣어 같이 촬영해 본다. 역시 달빛에도 불구하고 많은 별들이 찍힌다.

| 장소 | 2010년 10월 몽골 울란바타르 인근 파라다이스 리조트 |
|---|---|

준모드 캠프의 전경

준모드 캠프는 한국의 대전 가톨릭 교구 소속의 이준화 신부님께서 후원자들을 위해 운영하는 시설입니다. 이 신부님은 몽골에서 종교 활동을 하신 19년 동안 병원과 학교 등을 설립하셨습니다. 준모드는 울란바타르에서 70킬로미터 정도 떨어져 있습니다. 마치 별 보기 위해 있는 장소처럼 느껴질 정도로 시야가 넓고 빛 공해가 적은 곳입니다. 저는 지난 수년간 매년 몽골에 가고 있습니다. 농장 관리인인 을지 가족이 우리를 반겨 준답니다.

사진은 작은곰자리의 북극성 일주 사진입니다.

▶ **준모드 캠프의 북쪽 하늘 일주**

20분씩 촬영한 이미지를 포토샵에서 합성한, 약 7시간 동안의 별 일주 사진이다.

장소 2010년 10월 몽골 울란바타르 인근 준모드 농장

월령 1.1의 달입니다.

초저녁 해를 따라 나타나는 월령 1의 달은 맨눈으로도 지구조가 확연히 보이는 장관을 연출합니다. 몽골의 깨끗한 대기로 지평선까지 깔끔하게 보이는 장관은 잊을 수 없는 광경입니다.

**▲월령 1.1의 달**

망원경으로 지구조를 촬영했다. 지구조는 지구의 빛을 받아 달의 어두운 부분이 보이는 것을 말한다.

| | |
|---|---|
| 장소 | 2013년 12월 몽골 울란바타르 인근 준모드 농장 |
| 망원경 | 다카하시 FCT76 + 전용리듀서 |
| 적도의 | 다카하시 EM11 Temma2Jr. |
| 카메라 | Starlight Xpress SXV-25C 원샷 컬러 CCD카메라 |

**▶영하 40도를 견디어 낸 장비**

온도가 극도로 낮으면 항상 기기가 말썽을 부리거나 전선이 굳어 끊어지거나 하는 장애들이 생긴다. 하지만 얼굴에 깃든 미소는 밤새 별들과 부둥켜안고 우주 여행을 다녀온 전형적인 천문인의 만족스러운 얼굴이다.

**▶▶달 사진 찍기**

월령 1의 달은 초저녁 상현으로 가는 첫 달로 고도가 낮아 관측과 촬영이 쉽지 않았다. 이런 사진은 조리개를 반 정도 조이고 감도를 높여 촬영한다. 밤을 맞이하는 천체 사진가의 바로 그 모습을 표현했다.

2013년 말 지구에 다가온 러브조이 혜성은 기대 이상으로 밝고 시원한 모습을 보여 주었습니다. 몽골 준모드 캠프의 동북쪽 하늘은 옆 마을의 약한 광해가 있을 뿐 구름 너머 멋진 혜성의 모습을 관측하기에 충분했습니다. 새벽에는 섭씨 -40도를 밑도는 혹한이었지만 하늘의 별의 개수만큼이나 우주를 느낄 수 있는 그런 여행이었습니다. 어떤 면에서 우주를 느끼고 별을 보는 아마추어 천문은 참으로 고독을 즐길 줄 알아야 하는 취미입니다.

**러브조이 혜성**

최근의 카메라들은 감도와 노이즈 억제 능력이 좋아져서 감도의 한계치까지 촬영이 가능하다. 광각 렌즈를 이용 감도 6400으로 20초 노출에 조리개는 한 단계 줄여 촬영하면 현장감 있는 사진을 촬영할 수 있다. 물론 인터벌 촬영이 가능한 리모트 콘트롤러와 튼튼한 삼각대가 필수이다. 아래에 있는 3장의 사진은 혜성을 기다리는 장면들이다.

| 장소 | 2013년 12월 몽골 울란바타르 인근 준모드 농장 |
|---|---|

개기 일식을 처음 본 것은 2008년 여름의 중국 서부에서였습니다. 실크로드의 중간 기착 지점인 우루무치를 거쳐 이우로 갑니다. 텐산 산맥의 만년설 녹은 물이 지하수가 되어 메마른 땅을 촉촉이 적시는 곳. 중국 신장 성 대부분의 풍경들은 화성 같다고 느낄 만큼 건조하고 메마른 땅이었습니다. 그 거대한 대륙의 중심에서 본 개기 일식은 제 인생을 바꾸어 놓았다고 해도 과언이 아닙니다.

호빔 천문대에서 약 3600킬로미터 떨어져 있습니다.

**텐산 산맥과 개기 일식**

텐산 산맥을 배경으로 일식의 시간대별 모습을 배치해 일식의 현장감을 느낄 수 있도록 했다.

장소 2008년 8월 중국 신장 성 이우

**▲이우 개기 일식과 코로나의 세부 모습**

사진은 2분이 채 안 되는 일식 중 코로나의 모습이 잘 나타난 사진을 추려 합성해 이미지 처리한 사진이다. 코로나의 세부 모습을 볼 수 있다.

| | |
|---|---|
| 장소 | 2008년 8월 중국 신장 성 이우 |
| 망원경 | 다카하시 FSQ106 |
| 적도의 | 다카하시 EM11 Temma2Jr. |
| 카메라 | 캐논 5D |

**▶이우 개기 일식 진행 과정**

일식의 전 과정을 나열했다. 2차 접촉과 3차 접촉을 제외한 붉은 색 태양은 망원경 앞에 태양 필터를 배치시켜 광량을 줄여 촬영했다. 태양은 1퍼센트만 보여도 맨눈으로는 볼 수가 없어서다. 2차 접촉이란 달이 태양의 윤곽에 완전히 들어가거나 달에 의해 태양이 완전히 가려진 순간을 말하고, 3차 접촉이란 달이 태양의 윤곽에서 빠져나오기 시작하거나 태양이 달 뒤에서 다시 나타나기 시작하는 순간을 말한다.

| | |
|---|---|
| 장소 | 2008년 8월 중국 신장 성 이우 |
| 망원경 | 다카하시 FSQ106 |
| 적도의 | 다카하시 EM11 Temma2Jr. |
| 카메라 | 캐논 5D |

# 검은 태양
# 일식 원정대

달이 태양을 거의 다 가릴 즈음, 사람들의 환호성이 꿈에서처럼 저 멀리 아련하게 들렸습니다. 몽롱한 상태로 꿈속을 걸어가는 듯했습니다. 이윽고 하늘에 검은 태양이 보이는 순간 은백색 코로나 광채가 주변을 감싸 안았습니다. 가까운 곳에서는 수성과 금성이 찬란히 빛났으며 지평선에서는 360도로 주황색 노을이 아스라이 펼쳐졌습니다.

'이건 현실이 아니라 꿈이다. 우주 속으로 걸어가는 기분이 이럴까.'

지구 지름의 109배나 되는 태양과 지구의 4분의 1밖에 되지 않는 달. 지구라는 요람에 생명을 움트게 하고, 인간이 이룩한 문명의 주춧돌인 두 천체가 하늘에서 완벽하게 겹치는 현상, 개기 일식. 2008년 8월 1일 일어난 개기 일식은 캐나다 북부에서 시작해 1시간 30분 동안 그린란드, 시베리아 서부, 몽골을 거쳐 중국 중부에서 차례로 관측되었습니다. 우리나라에서는 부분 일식을 관측할 수 있었지만, 해질 무렵 일식이 시작되어 20분만 관측할 수 있었습니다.

우주의 조화가 만드는 지상 최대의 이벤트를 직접 보기 위해 일식 원정대가 꾸려졌습니다. 저를 비롯해 로봇 휴보로 유명한 '일식 마니아' KAIST 오준호 교수와 천체 사진가 김상구 씨, 그리고 KBS 촬영팀과 일반 참관객 2명까지 총 11명이 참여했습니다. 모두들 이번 일식을 위해 수 개월을 준비해 왔습니다. 이번 일식 원정에서 최적의 관측 장소를 물색하기 위해 연간 강수량과 청정일수, 평균 구름량을 고려했습니다. 한국에서 일주일에 한 번 직항로가 개설된 러시아의 노브르스크로 갈까도 했지만 주변 호수에서 안개가 자주 발생하는데다 고도도 높지 않아 중국의

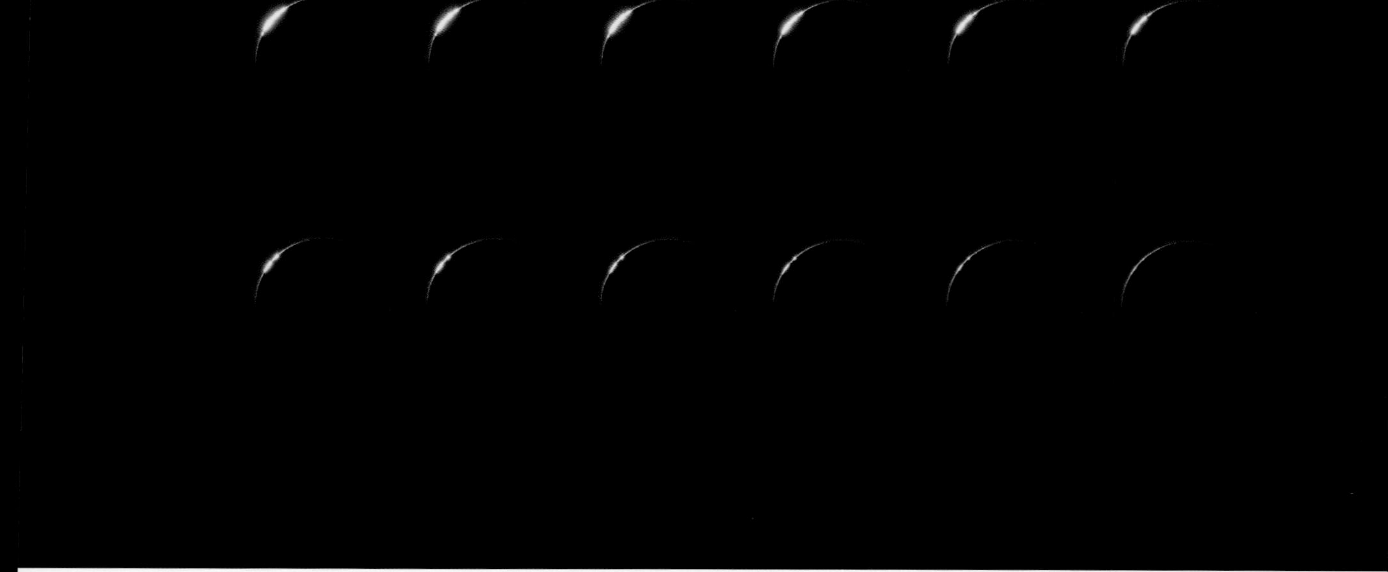

**이우 개기 일식 2차 접촉**

2차 접촉의 순간을 짧은 노출로 달의 지형의 요철 사이로 드러나는 빛을 표현하려 해 보았다. 개기식 직전에 그 모습이 보인다.
일식에서 2차 접촉과 3차 접촉은 가장 찬란한 순간이다. 노출을 어떻게 가져가느냐에 따라 다이아몬드 반지일 수도 있고 목걸이가 될 수도 있다.

| | |
|---|---|
| 장소 | 2008년 8월 중국 신장 성 이우 |
| 망원경 | 다카하시 FSQ106 |
| 적도의 | 다카하시 EM11 Temma2Jr. |
| 카메라 | 캐논 5D |

**사막의 오아시스인 돈황의 명사성**

**천산 천지**

신장 성 이우현의 서쪽 지역인 웨이즈샤로 정했습니다. 평균 구름량이 적고 사막 기후인 동시에 고원 지대인 웨이즈샤는 중국 천문학회가 이번 일식의 최적 장소로 지정한 곳이기도 합니다. 하지만 이번 개기 일식 지속 시간이 2분이 넘지 않을 것으로 예상되어, 여행을 준비하는 기간 내내 적지 않은 부담에 시달렸습니다. 날씨가 흐려 아예 일식을 보지 못하면 어쩌나, 짧은 순간 촬영 타이밍을 놓치지는 않을까, 30년 가까이 천체 사진을 찍어 오면서 이번 여행처럼 긴장했던 적도 없었습니다.

인천 국제 공항을 출발해 베이징에서 중국 국내선을 갈아탄 뒤 4시간 반을 날아 도착한 곳은 중국 신장웨이우얼 자치구의 중심 도시 우루무치였습니다. 우루무치는 과거 동서양을 이어 주는 실크로드의 거점 도시였습니다. 우루무치에서 1박을 한 다음날 120여 킬로미터를 이동해 아시아 최대 산맥 중 하나인 천산(天山, 톈산)에 도착했습니다. 톈산 산맥은 파미르 고원에서 시작되어 두 줄기로 나뉘는데 한 줄기가 굽이굽이 뻗습니다. 총길이가 1760킬로미터에 이르는 톈산 산맥은 여름이면 약 6890개의 빙하가 녹아 톈산 산맥 남북의 분지와 녹주를 촉촉이 적십니다. 이 지역의 생명줄인 셈입니다. 톈산 산맥의 만년설이 녹아 내린 물로 이뤄진 '천지' 호수를 관람한 뒤 유목민인 하자크족 마을에서 하루를 묵었습니다. 저녁 식사로 양꼬치 구이와 수육을 대접받았는데, 우리 입맛에도 잘 맞았습니다.

마을 사람들의 배려로 말 타기와 양몰이 등 여러 가지를 체험했지만 무엇보다도 인상 깊었던 것은 밤하늘이었습니다. 낮 동안 내내 구름이 하늘을 뒤덮고 있었던지라 관측을 포기했는데, 새벽에 잠깐 잠이 깬 김상구 씨가 날이 갠 것을 보고 모두를 깨웠습니다. 잠결에 일어나 바라본 하늘은 기가 막힐 정도로 장관이었습니다. 서울에서는 쌍안경으로도 보기 힘든 안드로메다 은하의 암흑대와 북아메리카성운, 석호성운, 독수리성운, 삼렬성운이 맨눈으로 보였습니다.

쏟아질 듯 별빛으로 '눈 호강'을 한 다음날 원정대는 일식 관측의 베이스 캠프 도시인 하미로 출발했습니다. 천지에서 하미까지는 550킬로미터에 이르는 울퉁불퉁한 길을 이동해야 했는데, 만년설이 덮인 톈산 산맥을 오른편에 두고 황량한 사막과 드넓은 초원이 반복해서 나타납니다. 지구 태초의 신비함과 경이로움을 간직한 풍경은 지상 최대의 천체쇼를 보러 가는 원정대에게 기대감을 불러일으켰습니다. 종일 이동해서 도착한 하미는 규모가 크지는 않았지만 중국 중앙 정부의 영향력이 유지되는 가운데 여러 이민족이 어울려 살고 있었습니다. 실크로드의 중간 기점답게 위구르 족, 우즈베크 족, 하자크 족 등 다양한 민족의 얼굴을 볼 수 있었습니다. 우리와 비슷하면서도 다른 그들의 생김새를 보는 일도 흥미로웠지만, 다음날 있을 일식을 성공적으로 사진에 담기 위해 망원경과 카메라, 전원 장치를 충분히 점검했습니다.

드디어 결전의 날이 밝았습니다. 구름 한 점 없이 시리도록 푸른 하늘이 펼쳐져 모두 성공

실크로드의 중간 거점 도시였던 교하 고성

적인 일식 촬영과 관측을 기대했습니다. 관측지까지는 130여 킬로미터로 그리 멀지는 않았지만 도로 상태가 좋지 않아 3시간은 족히 걸릴 것 같았습니다. 세계 곳곳에서 관측자들이 모이기 때문에 좋은 자리를 잡고 여유 있게 촬영 준비를 하기 위해 일찌감치 길을 나섰습니다. 오후 1시 30분쯤 관측지에 도착했을 때는 이미 여러 나라의 관측자들이 촬영 준비를 마친 상태였습니다. 바닥은 가는 모래와 현무암 조각으로 푹신하게 덮여 있고, 드문드문 사막 식물이 보이는 황량한 사막이었습니다. 마치 화성의 고원 지대에 온 듯한 착각을 불러일으키는 풍경은 일식과 묘하게 어울렸습니다.

'별지기'라는 이유 하나만으로 느껴지는 친근함은 자연스레 서로의 장비와 관측 경험에 대한 이야기로 이어졌습니다. 그중에는 일식이 일어날 때마다 세계 각처의 관측지에서 만나는 우정을 뽐내는 사람도 있었습니다. 한참 이야기꽃을 피우는데 여기저기에서 각국 언어로 탄성이 터져 나오기 시작했습니다. 개기 일식의 시작을 알리는 소리였습니다. 시간이 지날수록 모든 사물이 어둠에 묻혀 갔습니다. 손은 부지런히 셔터를 누르고 있었지만 눈은 아득히 펼쳐진 태양에 고정되었습니다. 태양이 달 뒤로 완전히 숨었다가 다시 빠져나오며 2차 다이아몬드 링을 만들 무렵에는 모두가 말을 잊고 말았습니다. 조용히 키스를 하는 노부부도 있었고, 박수를 치는 사람도 있었으며, 우는 사람도 있었습니다.

태양이 달 뒤로 완전히 숨었다 다시 나타난 그 짧은 1분 57초는 30여 년의 천체 관측 경험을 무색케 할 정도로 감동과 충격으로 다가왔습니다. 숨이 다할 때까지 어디라도 따라가 일식을 느끼고 또 사진으로 남기겠다고 다짐하는 순간이었습니다. 제 사진을 본 사람이 개기 일식이 일어난 곳에서의 감동을 10퍼센트라도 느낄 수 있다면 말입니다.

1억 5000만 킬로미터 밖의 태양과 약 38만 킬로미터 거리의 달이 만나 검은 태양이 되고 세상은 갑자기 지구가 아닌 세계가 됩니다. 이 극적인 천문 사건은 인간의 미약함과 우주의 경이로움을 동시에 일깨워 줍니다. 찬란한 코로나의 검은 태양과 메마르고 황량한 지구의 아름다움……. 사람들은 입을 다물고 감동에 빠져 눈물을 흘릴 뿐입니다.

**검은 태양을 촬영하기 위해 촬영 준비를 마친 필자**

알래스카의 페어뱅크스는 오로라를 관측하기에 아주 훌륭한 곳입니다. 태양의 활동 주기 중 가장 활발한 시기라서 날만 맑으면 오로라를 관측할 수 있었습니다. 아마도 가장 극적인 천문 현상 중 하나가 아닐까 합니다. 여행의 첫날 맞이한 숙소에서의 오로라는 남은 일정을 기대하게 했습니다. 페어뱅크스는 호빔 천문대에서 약 4300킬로미터 떨어져 있습니다.

**◀오로라와 천체 사진가**
알래스카의 겨울은 혹독하다. 추위에 떨며 오로라를 촬영하다가 약간의 짬이 나면 스냅을 찍었다. 고감도에 노출을 15초 정도 주고 약간 빛을 사람에 비추어 주면 된다. 심도는 낮지만 분위기를 살린 사진을 촬영할 수 있다.

장소 2013년 2월 알래스카 페어뱅크스

**▶페어뱅크스의 오로라**
오로라의 촬영은 그 밝기와 활동성 정도에 따라 달라져야 하며 또한 촬영자의 표현 목적에 따라 달라진다. 보통은 감도를 1000 이상으로 높이고 5초에서 15초까지 노출하는 것이 무난하다.
(55쪽까지 계속)

장소 2013년 2월 알래스카 페어뱅크스

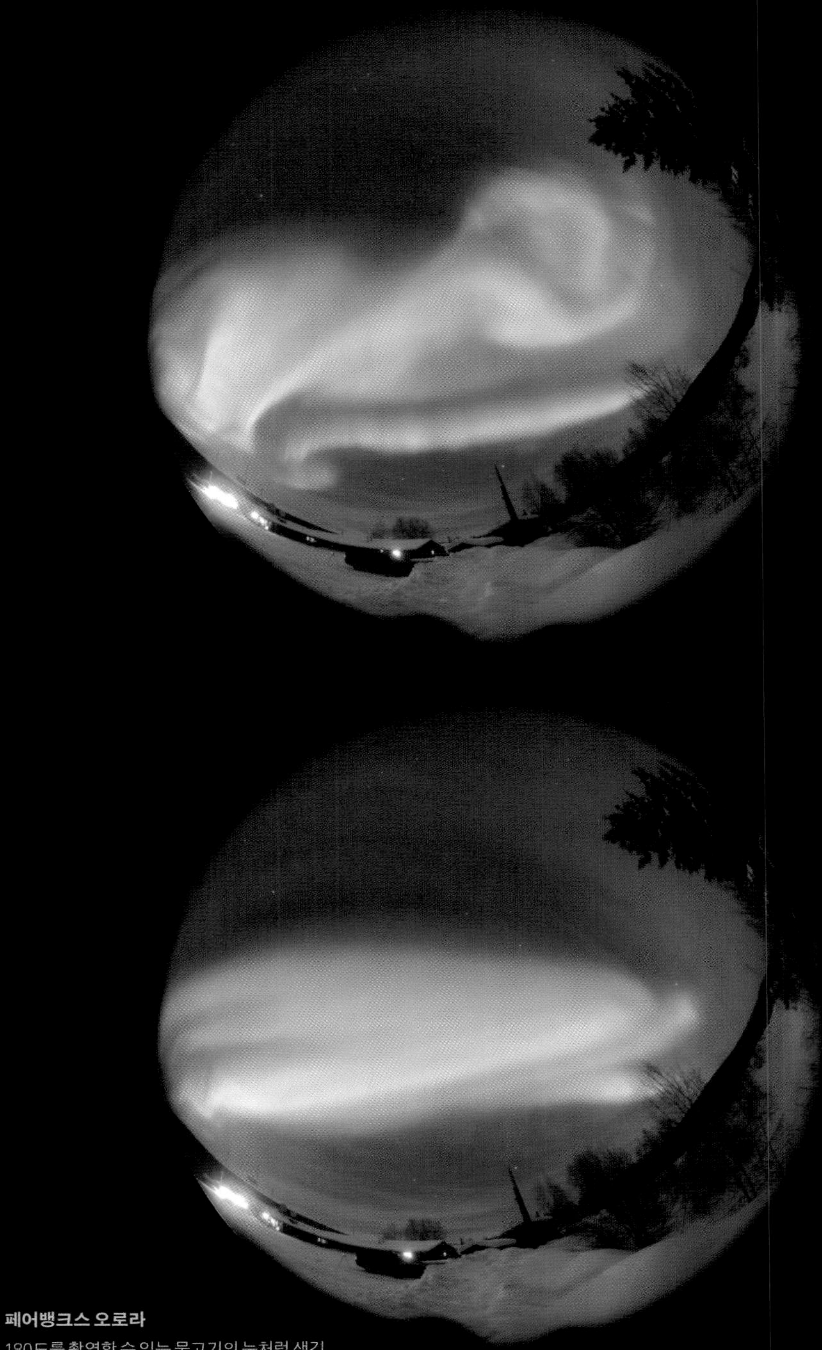

**페어뱅크스 오로라**
180도를 촬영할 수 있는 물고기의 눈처럼 생긴 어안 렌즈(Fish-eye Lens)를 쓰면 원형 사진을 찍을 수 있다. 하늘을 향해 렌즈를 놓고 촬영한다. 사용한 렌즈는 캐논 EF 8-15밀리미터 F2.8L로 8밀리미터에서 촬영했다.

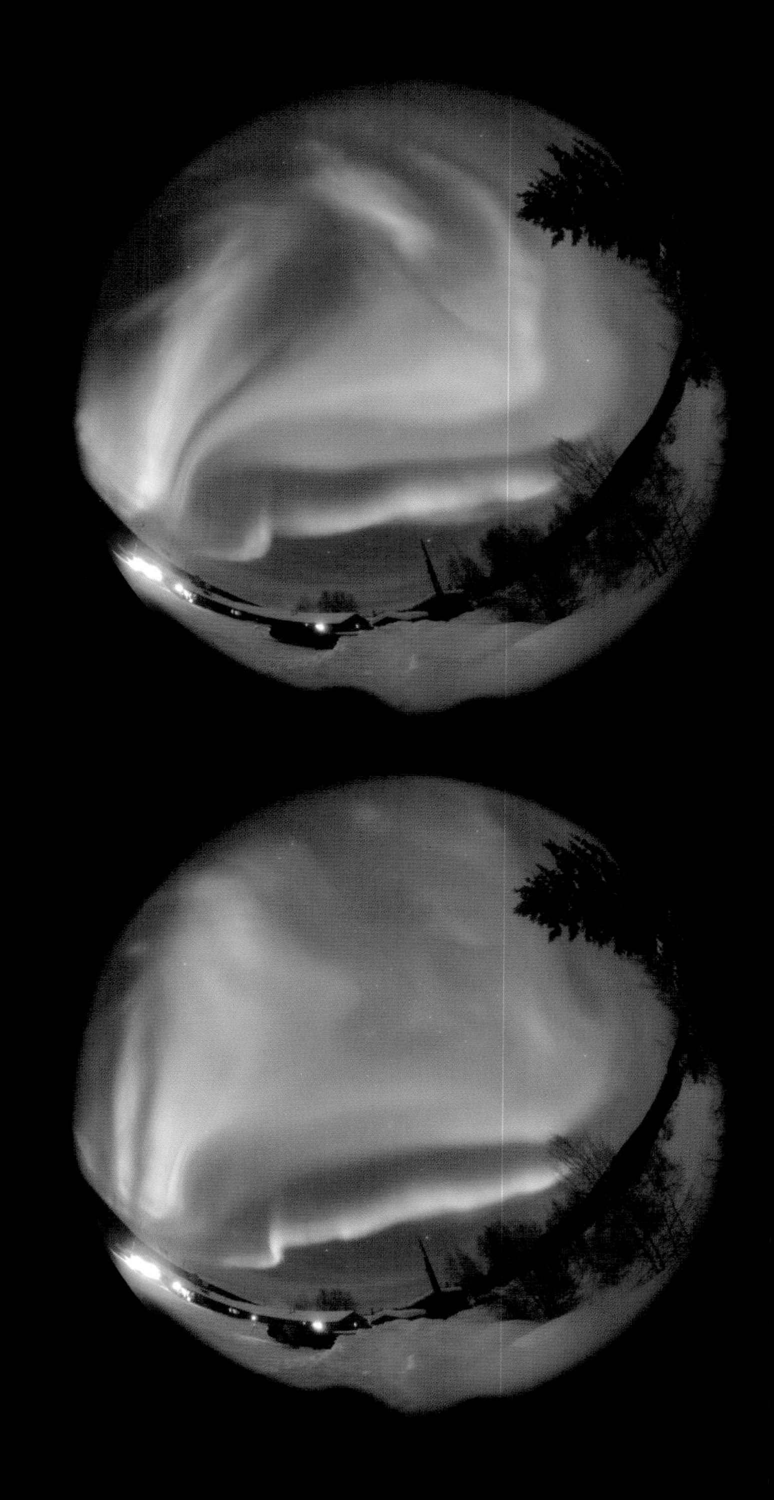

오스트레일리아 케빈 산 일식은 가장 극적으로 관측한 일식 중 하나입니다. 고도가 낮아 주변 경관과 어우러져 태양이 무엇보다 크게 보였으며 가장 찬란했던 2차, 3차 접촉에서 멋진 다이아몬드 링을 보여 주었습니다. 검은 태양이 빛나고 별이 빛나며 서늘한 바람이 붑니다. 오스트레일리아 서북쪽 휴양 도시 케언스 근교 케빈 산은 이곳에서 약 6300킬로미터 떨어져 있습니다.

유난히 찬란했던 2차 접촉에 이은 3차 접촉에서 많은 사람들은 결국 오열하고 맙니다. 그 어떤 형용사도 표현 불가능한 자연의 경이로움 앞에서 감동을 받습니다. 구름 사이로 빛나는 검은 태양과 세상에서 가장 큰 다이아몬드 반지…….

일식을 기다리며

**오스트레일리아 케언스 일식**

15밀리미터 이하급의 광각 렌즈를 이용한 개기 일식 식심에서의 촬영은 현장감 있게 분위기를 살릴 수 있다.

| 장소 | 2012년 11월 오스트레일리아 케언스의 케빈 산 인근 |
| --- | --- |

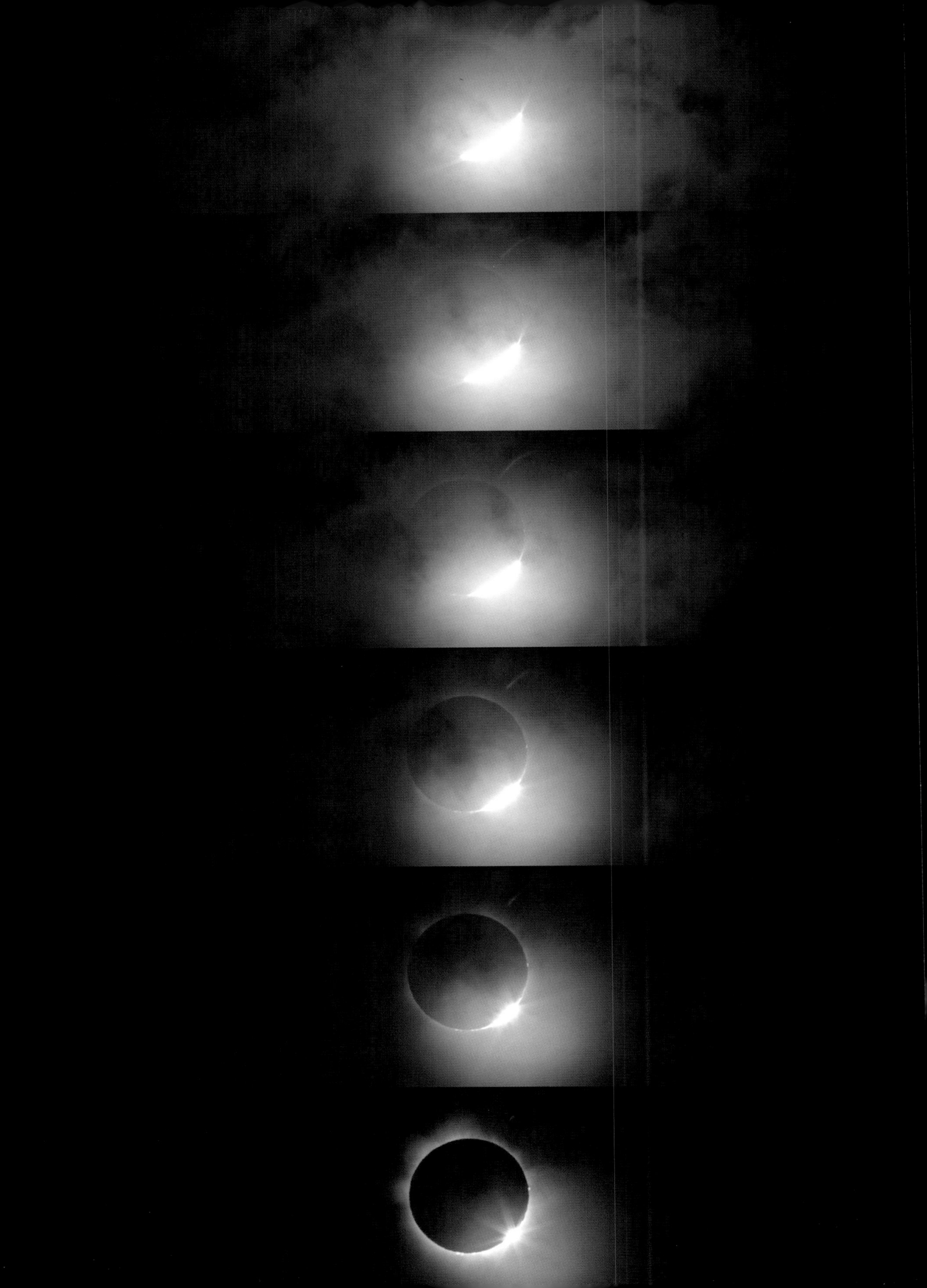

**케언스 일식 2차 접촉과 3차 접촉**

◀구름 낀 하늘과 높은 습도는 일식 진행 중 2차 접촉의 순간을 더 찬란하게 했다. 눈으로는 일식을 즐기고 감동하며 손으로는 릴리즈를 이용해 촬영을 계속했다.

▲검은 태양과 코로나에 취해 모든 사람들이 우주 여행을 하고 있을 무렵 찬란한 3차 접촉이 일어나며 세상에서 가장 큰 다이아몬드 반지가 하늘에 걸린다.

| | |
|---|---|
| 장소 | 2012년 11월 오스트레일리아 케언스의 케빈 산 인근 |
| 렌즈 | 캐논 EF 200밀리미터 F1.8L + 1.4X 망원 |
| 적도의 | 아스트로드림테크 Beetle PrototypeII |
| 카메라 | 캐논 5D MarkIII |

# 남반구의 겨울 별자리

시리도록 푸른 하늘이 연한 잿빛으로 변하고 서쪽 하늘의 여명이 남을 무렵 남십자성을 중심으로 감동으로 다가오는 은하수. 곁에는 오랜 별지기 생활을 해 온 절친한 벗이 함께하고 시골 마을 선술집에서 사 온 맥주와 무르익는 밤하늘! 별지기 또는 천체 사진가에 있어 이것은 인생을 왜 사느냐 하는 질문에 대한 답이자 살아가는 이유인 것입니다. 이곳은 오스트레일리아하고도 사막 한가운데 오아시스 같은 아이반호라는 마을입니다.

밤하늘의 별에 매료된 지 30년이란 세월이 흘렀습니다. 시골의 큰집 앞마당에 펴 놓은 멍석에 누워 바라보던 쏟아지는 은하수와 눈으로 보이는 맑게 빛나는 별들……. 밤하늘에 빛나는 별들은 이미 한국에서는 경험하기 힘든 것이 되어 버렸습니다. 빈국에서 부국으로 발전하는 길지 않은 세월 동안 별지기들은 어릴 적 그 별빛을 느끼기 위해 많은 시간과 돈을 들여야 했습니다. 서울을 기준으로 반경 50킬로미터 내에는 은하수를 볼 곳이 거의 없기 때문입니다. 천체 사진 촬

**오스트레일리아 아이반호의 은하수**
작은 소도시 아이반호에서 마당에 전원이 공급되는 싸구려 컨테이너 숙소를 찾아낸 것은 행운이었다. 밤하늘 별 풍경과 천체 사진에 집중하는 천체 사진가의 모습은 아름답다. 과감한 감도와 개방 조리개, 그리고 15초 전후의 노출로 표현하고자 하는 사진을 촬영할 수 있다.

장소 2006년 12월 오스트레일리아 중부의 소도시 아이반호

영을 위해서는 어두운 하늘을 찾아가야만 합니다. 수도권에서는 주로 강원도와 경기도 북부 하늘을 선호합니다. 이런 원정 촬영이 밤하늘의 별빛을 조금이라도 더 담을 수 있기 때문입니다. 어려운 시작과 마무리가 필요한 고된 작업이지만 이렇게 찍은 사진들을 공유하고 기쁨을 나눌 수 있는 별지기 친구들과, 인터넷이라는 공간이 있기에 이제 이 어려운 취미는 제 인생의 중요한 동반자가 되어 있습니다.

오스트레일리아 사막의 오지 마을 아이반호에서 찍은 사진입니다. 이런 사진은 사람과 풍경이 같이해야 그 맛이 나기 마련입니다. 아마도 지구가 이 우주에서 가장 아름다운 푸른빛을 내는 행성이기 때문일 것입니다. 오스트레일리아 원정 촬영은 아주 오랜 별지기로서의 꿈이었습니다. 아열대 기후가 되어 간다는 우리나라에서는 좋은 조건의 하늘을, 자기 시간이 날 때 만난다는 것은 아주 힘든 일입니다. 꼽아 보면 촬영하기에 기상 상태가 좋고 그날이 주말인 경우는 흔치 않아서 1년 중 10~11월, 그리고 2월의 며칠 정도일 것입니다. 그러기에 좋은 하늘에 대한 갈증과 또 경험해 보지 못한 남반구 별자리와 대상은 동경이기도 하고 모든 별지기들의 로망이기도 하답니다. 마침 절친한 별지기인 이준화 교수가 오스트레일리아에 교환 교수로 가 있어 좋은 기회라 여겨 동료 별지기 친구인 이건호 씨와 함께 10일 일정으로 오스트레일리아로 향했습니다. 겨울 별자리인 오리온자리가 섭씨 30도가 넘는 더위에 거꾸로 떠서 지는 남반구의 하늘!

도착한 멜버른 공항은 그리 번잡하거나 큰 규모는 아니었습니다. 잠깐 바라본 하늘은 한국의 그것과는 확연히 다름을 알 수 있을 정도로 시리도록 푸르고 맑았습니다. 마중 나온 이준화 교수와 함께 구형 세단에 짐을 가득 싣고는 멜버른 서쪽 밀두라로 향했습니다. 6시간 정도를 달려 도착한 곳은 아주 잘 가꾸어진 휴양지로, 광활하고 짙푸른 하늘이 마음을 들뜨게 했음은 물론입니다. 밀두라는 휴양지답게 드문드문 잘 가꾸어진 집들과 정원들이 있는 작지 않은 마을로서 곳곳에 빛 공해를 만들어 내는 광해원들이 있었습니다. 여행의 피곤함 때문에 관측지 수배는 다음날에 하기로 하고 일단 묵게 된 펜션 뒤뜰에 장비를 펼쳤습니다. 하늘의 투명도는 매우 좋은 편이어서 가까이 가로등이 있어 눈의 암적응이 불가능한데도 은하수가 확연히 보였습니다.

다음날 늦은 아침을 하고는 하늘을 보니 구름이 가득했습니다. 인터넷을 통해 기상 예보를 보고는 즉석에서 사막으로 향하기로 정하고 지도를 펴 보니 적당한 곳이 보이는데 밀두라에서 600킬로미터 이상 북동쪽으로 떨어진 곳으로 주변이 온통 사막인 아이반호였습니다. 평균 시속 100킬로미터의 속력으로 7시간이 걸렸습니다. 가는 도중 오스트레일리아의 광활함에 놀라고 또 쭉 뻗은 곧은 길에 놀랐습니다.

사막으로 다가갈수록 기온은 높아지고 자외선이 강해 차안에서 긴팔 셔츠를 입어야 했습

**아이반호로 가는 길**

니다. 주유소에 딸린 허름한 숙소를 묵을 곳으로 정하고 세팅 준비를 했습니다. 하늘이 어두워지며 보여 주는 투명도가 좋아 아직 여명이 남아 있음에도 별들이 보이기 시작했습니다. 밀려오는 행복감과 기대, 그리고 어떻게 하면 이런 분위기와 느낌을 갖는 사진을 찍을 수 있을까요? 이러한 감상을 숙소 바로 앞에 나란히 세 대의 망원경과 렌즈를 세팅하고 본격적으로 천체 대상을 찍는 풍경을 은하수와 함께 한 장의 사진으로 담아 보았습니다.

이런 사진들이 갖는 가장 큰 아름다움은 별 사진이면서도 인간과 풍경이 함께한다는 것입니다. 그러므로 촬영자만이 느낀 현장감을 보는 사람도 공유할 수가 있다는 것입니다. B셔터 노출이 가능한 DSLR과 50밀리미터급 이하의 밝은 렌즈, 삼각대, 릴리즈가 있다면 풍경 있는 별 사진이 가능합니다. 풍경과 함께 별을 표현하는 이런 사진을 잘 찍기 위해서는 몇 가지 조건이 필요합니다. 우선 맑고 어두운 밤하늘과 적당한 잡광들과 구도를 잡는 센스입니다. 우리가 혹 여행을 하다가 문득 바라본 여행지의 풍경에 감동하고 하늘의 별에 감동한다면 가져온 카메라로 담장이나 탁자에 올려서 감상을 담는다면 좋을 것입니다.

**▲달과 여명**

이런 종류의 사진은 조리개를 조이고 감도를 낮추어 심도를 깊게 해서 노출 시간을 길게 주어 촬영을 하는 것이 기본이다.

**◀아이반호의 대마젤란 은하**

컨테이너 숙소 앞에 설치한 장비들. 사진에는 밝게 보이지만, 높은 감도와 최대 개방에서 한두 단계 줄여 촬영하면 숙소의 미약한 불빛으로 장비와 밤하늘이 함께 잘 나오도록 할 수 있다.

| 장소 | 2006년 12월 오스트레일리아 중부의 소도시 아이반호 |
|---|---|

노출은 보통의 경우 50밀리미터급 렌즈에서 20초를 기준으로 합니다. 이 시간이 지나가면 별이 점 모양이 아니라 흘러서 긴 막대 모양으로 찍혀 버립니다. 감도 설정은 좀 높게 해야 합니다. 다만 노이즈로 인해 입자가 거칠어지는 단점이 있지만 이는 감수해야만 하는 장애 요인입니다. 디지털 카메라에 있어서 노이즈는 CCD의 온도와 비례합니다. 혹 날이 추운 겨울이라면 감도를 높게 해도 노이즈가 상대적으로 적게 발생합니다. 감도는 온도나 잡광의 밝기를 조절해 ISO800에서 ISO1600까지 상황에 맞게 설정합니다. 조리개는 별빛을 담아내야 하므로 최대한 개방으로 합니다. 하지만 렌즈의 설계에 따라서 어떤 렌즈는 최대 개방이 반드시 좋다고 볼 수 없는 경우도 있습니다. 보유하고 있는 렌즈의 특성을 평소에 테스트해 두는 것도 요령입니다. 초점을 맞출 때에는 100미터 이상 떨어진 곳의 가로등이나 광원을 이용합니다. 다음으로는 구도를 정한 다음 인터벌 촬영으로 15초에서 30초까지 노출을 설정해 여러 장 찍어 봅니다.

디지털 카메라의 장점은 찍고 난 후 사진을 곧 확인할 수 있다는 것입니다. 각종 설정 등은 사진을 찍어 가며 원하는 이미지로 좁혀 나가면 됩니다. 중요한 것은 찍을 때의 작가의 감상과 표현 의도입니다. 이것이 사진의 성공 여부를 적어도 50퍼센트는 결정한다고 생각합니다.

사막의 작은 도시는 이렇듯 적막하고 조용합니다. 해가 지고 나면 동틀 때까지 대륙 횡단 트럭들이 한두 대 지나가는 것 외에는 차가 거의 다니지 않습니다. 얼근하게 흐트러진 선술집 같은 동네 바에 맥주를 사러 가니 동양인을 처음 보는 듯한 사람들이 농담 삼아 테러리스트냐고 물으며 호탕하게 웃습니다. 오스트레일리아의 사막에 있는 아이반호는 아주 작은 마을입니다. 마침 마당에 전원도 있고 해서 일주일 동안 머무르며 천체 사진을 찍기에는 아주 좋은 장소였습니다. 나의 첫 남천 촬영 여행에 동반한 별 친구는 이건호 씨와 이준화 교수입니다. 정감 있는 별 친구들과의 8일 밤은 너무나 멋진 기억들을 남겨 주었습니다. 우주 속에 있는 지구와 나, 그리고 환경에 대한 생각들 …….

아이반호는 호빔 천문대에서 약 7300킬로미터 떨어져 있습니다.

**오스트레일리아 아이반호의 달과 여명**

첫 남천 촬영 여행 중 구름을 피해 무작정 사막으로 1000여 킬로미터를 달려가 만난 작은 소도시 아이반호에서 보낸 첫 맑은 저녁에 만난 초승달. 사진은 가슴으로 느낀 만큼 표현된다. 디지털 시대에도 어떤 공식이나 기술보다 가슴과 감상이 핵심이다.

장소 2006년 12월 오스트레일리아 중부의 소도시 아이반호

서호주의 란셀린은 한적한 해안 도시입니다. 흰 모래가 유명한 이곳의 백사 해안은 명소 중 하나입니다. 이곳에 사는 사람들이 직업이 주로 무엇인지는 모르지만 바쁘게 살아가는 한국 사람들의 사는 모습과는 사뭇 다른 시간을 살고 있습니다. 해질 녘 푸른 하늘에 노을이 드리우고 달과 금성이 빛납니다. 사람들은 부두에 앉아 바다 낚시를 즐깁니다. 무엇 하나 번잡하거나 번거로운 것이 없습니다. 란셀린은 서호주 퍼스에서 수십 킬로미터 떨어져 있는 곳으로 호빔 천문대에서는 약 8300킬로미터 떨어져 있습니다.

**▲ 란셀린의 백사 해안**

하이얀 모래밭이 꽤 드넓게 펼쳐진 곳이다. 마침 한 가족이 모래에서 타는 보드를 들고 해안으로 향한다. 이런 사진은 채도를 높게 한 상태에서 노출을 서너 단계 높여 과하게 주면 나름대로의 분위기를 살릴 수 있다.

장소 2012년 4월 서호주 란셀린의 백사 해안

**▶ 서호주 란셀린의 달과 금성**

해질 녘의 노을, 하늘 속 금성과 조각달은 어디선가 본 듯한 풍경이다. 이런 사진은 높은 감도보다는 심도를 허락하는 한 깊게 가져가는 것이 관건이다. 그러기 위해서는 채도 설정을 약간 높이고 조리개는 5~6 전후, 감도는 200 전후, 노출은 3~5초 정도로 촬영했다. 물론 여명의 정도에 따라 수치와 조리개 값은 변할 수 있다.

장소 2012년 4월 서호주 란셀린의 해변

피나클 사막에 도착해서는 혜성을 찾아 촬영을 합니다. 시간적인 여유가 없었지만 그 맑은 하늘과 남천의 아름다움에 빠져 정신없는 시간을 보냅니다. 이럴 때면 내가 서호주 사람쯤 되는 것으로 착각하기도 합니다. 이즈음 피나클 사막에는 사람의 그림자는 하나도 없습니다. 온통 하늘에는 별빛이고 동쪽 지평선에서는 우리 은하의 중심부가 떠오르려 합니다.

**◀ 피나클 사막의 판스타스 혜성**

피나클 사막의 밤은 별 사진 촬영을 위해 최적의 장소라 할 수 있다. 많은 기대를 안고 혜성을 찾아 촬영한다. 하지만 기대만큼은 아니어서 쌍안경을 가진 내가 가장 먼저 찾아낸다. 장소를 알면 어렴풋이 보이는 혜성이지만 감도를 높여 800 정도에 맞추고 조리개는 한 두 단계 조이고 노출을 15 정도로 주면 혜성이 촬영된다. 혜성이 클 것을 기대한 나머지 장초점 렌즈를 가져오지 않은 것이 후회된다. 사진은 24-70밀리미터 줌을 이용해 70밀리미터 F4로 촬영한 것이다.

장소 2013년 3월 서호주 피나클 사막

**▲ 피나클 사막의 해질녘 풍경**

혜성을 촬영하기 위해 늦은 오후에 찾은 피나클 사막이다. 혜성이 나타날 서쪽 하늘을 향해 멋지게 서 있는 사암 기둥을 찾아 헤멘다. 지는 해의 붉은 기운이 사암을 더욱 붉게 물들인다. 조리개를 조이고 감도를 낮게 가져가며 적정 노출보다 부족하게 해 색 대비를 표현하기 좋은 시간이다. 깊고 푸른 하늘이 검푸르게 변할 무렵 별이 보이기 시작한다.

장소 2013년 3월 서호주 피나클 사막

혜성은 물과 얼음, 그리고 먼지들과 기화성 물질들로 이루어져 있습니다. 혜성은 어쩌면 지구상의 물들을 실어다 준 존재일지도 모릅니다. 혜성은 그 모양과 변화무쌍함으로 역사적으로 많은 화제를 불러모았습니다. 사진의 판스타스 혜성은 지구에 다가오기 전 거대 혜성이 될 것이라 예상을 했었습니다. 예상보다는 작고 어두워 맨눈으로 겨우 보이는 정도였지만 서호주의 아름다움과 어우러져 장관을 선사합니다. 서호주에 촬영하러 가면 늘 묵던 와디팜 리조트 근처입니다.

**◀ 와디팜 리조트의 판스타스 혜성**

서호주에 장비를 맡겨 놓는 곳으로 관측 조건이 아주 훌륭한 곳이다. 근처에는 서호주 특유의 소철나무를 닮은 식물들이 마치 상징처럼 많다.

장소 2013년 3월 서호주 와디팜 리조트

**▼ 와디팜 리조트의 달과 금성**

초저녁 새달은 샛별인 금성과 같이 있는 경우가 많다. 손톱달은 늘 어두운 쪽의 지구조에 주목을 해 본다. 적정 노출보다 좀 더 과감한 노출을 주면 나무의 실루엣과 달의 지구조, 그리고 찬란한 금성을 표현할 수도 있다. 이런 조건은 적당한 구름과 밝기와 촬영자의 마음이 삼위일체가 되면 보이는 만큼 찍힌다. 조리개 값, 렌즈, 노출 값은 부수적인 것이다. 브라켓팅 기능을 이용하거나 의도적으로 파라메타 값을 바꾸어 가며 촬영을 하면 된다. 50장에서 한 장은 마음에 드는 사진이 있기 마련이다. 물론 삼각대는 필수이다.

장소 2013년 3월 서호주 와디팜 리조트

서호주 퍼스에서 북쪽으로 700킬로미터 가면 칼바리 리조트가 나옵니다. 민물과 바닷물이 만나는 곳에 위치한 리조트로 미국의 그랜드 캐니언과 같은 형태의 사암으로 된 협곡과 산이 장관인 곳입니다. 도착하자마자 뉘엿뉘엿 해는 넘어가고 좀 더 밝아진 판스타스 혜성이 서쪽 하늘에 보이기 시작합니다. 멀리 보이는 불빛 역시 청명하고 깨끗한 하늘에서는 방해가 되지 않습니다. 드물게 있는 구름들은 기온이 떨어지면 없어질 것입니다.

**칼바리 리조트의 판스타스 혜성**

혜성 촬영은 하늘이 어둡지 않을 무렵부터 시작되므로 노출 값과 감도는 바꾸어 가며 촬영한다. 심도 조정을 위한 조리개 값 변화는 전략적이어야 한다. 밝을 때는 조리개를 조여 풍경의 심도를 깊게 가져가고 어두워지면서 점차 조리개 값을 열어 준다.

| 장소 | 2013년 3월 칼바리 리조트 해안 |
| --- | --- |

칼바리 리조트에서 숙소에 짐을 풀고 '자연의 창(Nature's Window)'이라는 절벽을 향해 한 시간 정도 운전을 하고 가서는 자정을 넘긴 시각에 야간 등반을 합니다. 그러고 나서 본 절벽 위의 사암들과 별 풍경, 그리고 은하수는 잊을 수 없는 광경이었습니다. 낮 동안 달구어진 따뜻한 사암 위에서 눈을 붙였다가 사진 찍기를 반복합니다.

**자연의 창과 남천 은하수**

근거리에 지상의 풍경을 넣어 하늘의 별과 동시에 촬영을 하기 위해서는 넓은 광시야 렌즈가 필요하다. 이 사진은 감도 10000 이상에서 처음 촬영했다. 주변 별상의 왜곡을 줄이기 위해 조리개는 두 단계 조였다. 어두운 부분의 노이즈가 있기는 하지만 그 거침 역시 밤하늘의 표현의 일부이다. 캐논 EF 8-15 F2.8L렌즈에 소프트필터를 사용했다.

**장소** 2012년 5월 자연의 창

# 다시 사막으로

수년 전 남반구 밤하늘 여행은 겨울 초입에 이루어진 것이었기에 우리 은하의 모습을 카메라에 담을 수는 없었습니다. 이번 여행의 목적은 우리가 속한 우리 은하를 촬영하는 것과, 사람의 발길이 동호주보다 뜸한 서호주의 광활한 자연을 사진에 담는 것이었습니다. 바쁜 일상 때문에 계획적이지 못했던 여행은 딱 그만큼 자유로움과 여유를 우리 일행에게 안겨 주었습니다. 일본의 별 친구인 하나쿠사 씨와 한국의 동갑내기 별 친구인 조진원 씨를 인천 공항에서 만나 홍콩을 거쳐 서호주의 중심 도시인 퍼스까지 비행 시간만 꼬박 11시간이 걸리는 긴 여행을 했습니다. 충청남도 온양에서 출발해 피나클 사막까지 가는 데는 24시간이 걸리는 셈입니다. 좁은 비행기 좌석과 부실한 기내식, 느려 터진 퍼스 공항의 입국 심사는 목적지까지의 길을 매우 더디고 힘들게 했습니다. 예정 시간보다 두 시간이나 늦은 자정을 넘긴 시각에 퍼스 공항에 도착했습니다. 착륙 전 우리는 창 너머 검푸른 맑은 하늘 사이로 손톱 달을 보았습니다. 결국 도착하는 날 퍼스에서 묵고 이튿날 출발한다는 계획을 수정해 곧장 퍼스에서 북쪽으로 200여 킬로미터 떨어져 있는 피나클 사막으로 향했습니다.

칠흑 같은 어둠과 도로변에 간간히 튀어나오는 캥거루에 놀란 가슴을 쓸어내리며 밤새 운전해 도착한 피나클 사막은 천문박명(일출 전과 일몰 후 태양 고도가 지평선 아래 12~18도인 어두컴컴한 상태로 천문 관측에 제격입니다.)이 시작되고 있었습니다. 황도광이 하늘 중심을 향해 뻗어 있었고 또 은하수는 서쪽으로 약간 기울어져 이제껏 본 적 없는 농도와 강한 대비로 하늘을 가로지르고

**◀◀ 피나클 사막과 은하수**

고감도에 개방 조리개, 긴 노출은 달도 없는 상황에서 우리 눈에 잡히지도 않는 아주 약한 빛도 잡아낸다. 풍경과 별을 함께 표현할 수 있는 아주 짧은 시간을 사진으로 바꾸는 것이다. 흔히 풍경 사진가들이 말하는 마술적 시간(magic hour)이다. 물론 시간이 지남에 따라 하늘의 밝기가 바뀌기 때문에 조리개와 감도 노출 시간을 조정해 가며 촬영을 한다.

장소 2012년 5월 피나클 사막

**▲ 피나클 사막의 새벽 풍경**

밤샘 촬영을 마친 후 해가 뜬 후의 사막 풍경이다. 해의 각도가 낮아 붉은 사암의 기운이 맹위를 떨친다. 하늘은 유달리 파래서 그 대비가 장관이다. 이런 경우는 두 단계 정도 노출 부족으로 촬영하면 색 대비가 강한 사진을 얻을 수 있다.

장소 2012년 5월 피나클 사막

있었습니다. 여정이 길고 힘들었던 만큼 남반구 대륙의 경이로운 풍경은 우리를 모두 우주로 날려 보내기에 충분했습니다. 한국에서는 고도가 낮아 보기 힘든 전갈자리와 궁수자리의 우리 은하 중심부가 진한 빛을 발하고 있었습니다. 일본의 별 친구인 하나쿠사 씨는 남쪽 하늘의 십자가(남십자자리)에서 북십자(백조자리)까지 은하 철도가 이어졌다고 연신 감동을 합니다. 동쪽에는 엷게 태양의 여운이 감돌며 박명이 시작되고 있고 은하수와 약간 떨어진 서남쪽 하늘에서는 우리 은하의 부속 은하인 대마젤란은하와 소마젤란은하가 보입니다. 먼 한국에서 이곳까지 오는 데는 무려 24시간이나 걸렸지만 그 긴 여정은 마치 이 순간을 위해 존재하는 듯했습니다. 발밑에는 지구에서 가장 오래된 대륙 지각이 있고 하늘에는 거대한 은하수가 흐르고 있었습니다. 45억 년의 지구 나이와 수천억 개의 별들, 이 시간과 공간 사이에는 지적 생명체는 정말 우리뿐일까요? 저는 사무치게 긴 이 고독을 즐긴 것일지도 모릅니다. 비록 지구의 대기권 아래에서이기는 하지만 말입니다.

우리 은하의 변방에 위치한 태양계 속의 지구는 외진 위치 덕에 온전히 우리의 은하를 관망할 수 있게 해 줍니다. 우주적인 시간과, 긴 공간의 역사 속에서 장엄함과 고독감을 느낄 수 있는 이런 곳은 역시 천체 사진가에게 있어 고향 같은 아늑함으로 다가옵니다. 우리는 동이 트기 전부터, 그리고 태양이 떠올라 그 붉은 사막의 풍경을 드러내 줄 때까지 쉴 새 없이 셔터를 눌렀습니다. 그것은 어찌 보면 의무감 같은 것이기도 합니다. 한국에서 내 사진을 보고는 우주를 생각하고 지구를 고민하며 환경의 존엄함을 느낄 모든 나의 사랑하는 사람들에게 보내는 메시지이고 또 외침입니다. 잔잔한 바람이 불어오며 밝아오는 피나클 사막의 풍광과 신발 끝으로 전해지는 섬세하고 고운 모래의 촉감은 지금도 잊을 수 없는 인도양의 독특한 바다내음과 더불어 기억 속에서 또 하나의 영원한 별 풍경으로 자리매김합니다.

서호주의 피나클 사막은 붉은 사암으로 된 기둥들이 장관을 이루는 곳입니다. 새벽이나 밤에 찾아가서는 날을 하얗게 지새웁니다. 아늑하고 별빛이 가득하며 안전한 이곳은 서호주 별빛 방랑의 백미라 할 수 있습니다. 비행기에서 내려서 곧장 새벽을 열며 달려가서는 동 틀 때까지 촬영을 합니다. 박명이 시작되기 전 짧은 시간이지만 우리 눈과는 다르게 카메라는 엷은 박명 전의 빛을 통해 사암 기둥들을 보여 주는 장관을 연출합니다. 남반구의 하늘은 매력적입니다. 머리 위로 높게 떠오르는 궁수자리는 우리 은하를 온전하게 보여 줍니다. 우리가 속한 태양 같은 별이 4000억 개나 모여 있는 우리가 속해 있는 은하를 말입니다.

**피나클 사막의 사암 기둥과 은하수**

은하수와 풍경을 촬영하는 방법은 비슷하다. 광시야 렌즈를 사용해 조리개 완전 개방에서 두 단계 조이고 감도를 최대로 높이고 노출은 20초 이내로 한다. 달도 없는 곳에서는 풍경이 하늘 배경의 실루엣으로 밖에 표현이 안 된다. 이럴 경우 노출을 시작하고는 가지고 있는 랜턴을 이용해 미약한 빛을 골고루 풍경에 비춘다. 인공적일 수 있으나 풍경을 표현하는 좋은 방법이다.

장소 2013년 3월 피나클 사막

아득히 펼쳐진 설원과 침엽수들, 그리고 혹한. 그래서 사람 냄새가 더 따뜻하고 포근하게 느껴지는지 모릅니다. 캐나다 옐로나이프의 아름다움이 적막감에 묻어 더 그 가치가 느껴지는 곳입니다.

원래 옐로나이프는 야외 활동의 천국입니다. 수많은 호수가 있어 낚시, 카누, 캠핑, 카약 등을 즐길 수 있는 곳이지만 지금은 비수기인 겨울에 일본에서 몰려드는 오로라 관광객으로 특수를 누리는 곳이 되었습니다. 우리 팀이 2박을 하게 된 에노다 캠프의 주인인 라그너 씨는 스웨덴 출신으로 여행 왔다가 결국 이곳의 아름다움에 반해 정착했다고 합니다. 오로라가 없는 밤 풍경 별 사진 또한 좋은 대안입니다. 풍경 별 사진은 과감한 감도 설정과 튼튼한 삼각대만 있으면 누구든 시작할 수 있습니다. 물론 릴리즈가 없어도 되는 30초 내에서 말이지요.

**▶ 옐로나이프의 오로라**

첫날 오로라 빌리지에 도착해서 잠시 후 활동성이 높은 편은 아니었으나 선명한 오로라를 보고는 감동했다. 마치 춤을 추듯 시시각각으로 변하는 모습을 사진에 담기 위해 부지런히 최적점을 찾아 촬영을 해 나간다. DSLR의 모니터에 점차 적당한 모습의 오로라가 보이기 시작한다. 오로라는 활동성과 밝기에 따라 카메라 설정 값의 변화가 많이 필요하다. 렌즈는 24밀리미터까지의 광시야 렌즈를 추천한다. 사진의 오로라는 노출 약 15초, 감도 3600에 조리개는 두 단계 조여서 F4로 촬영했다.

장소 2009년 12월 캐나다 옐로나이프

**에노다 캠프**

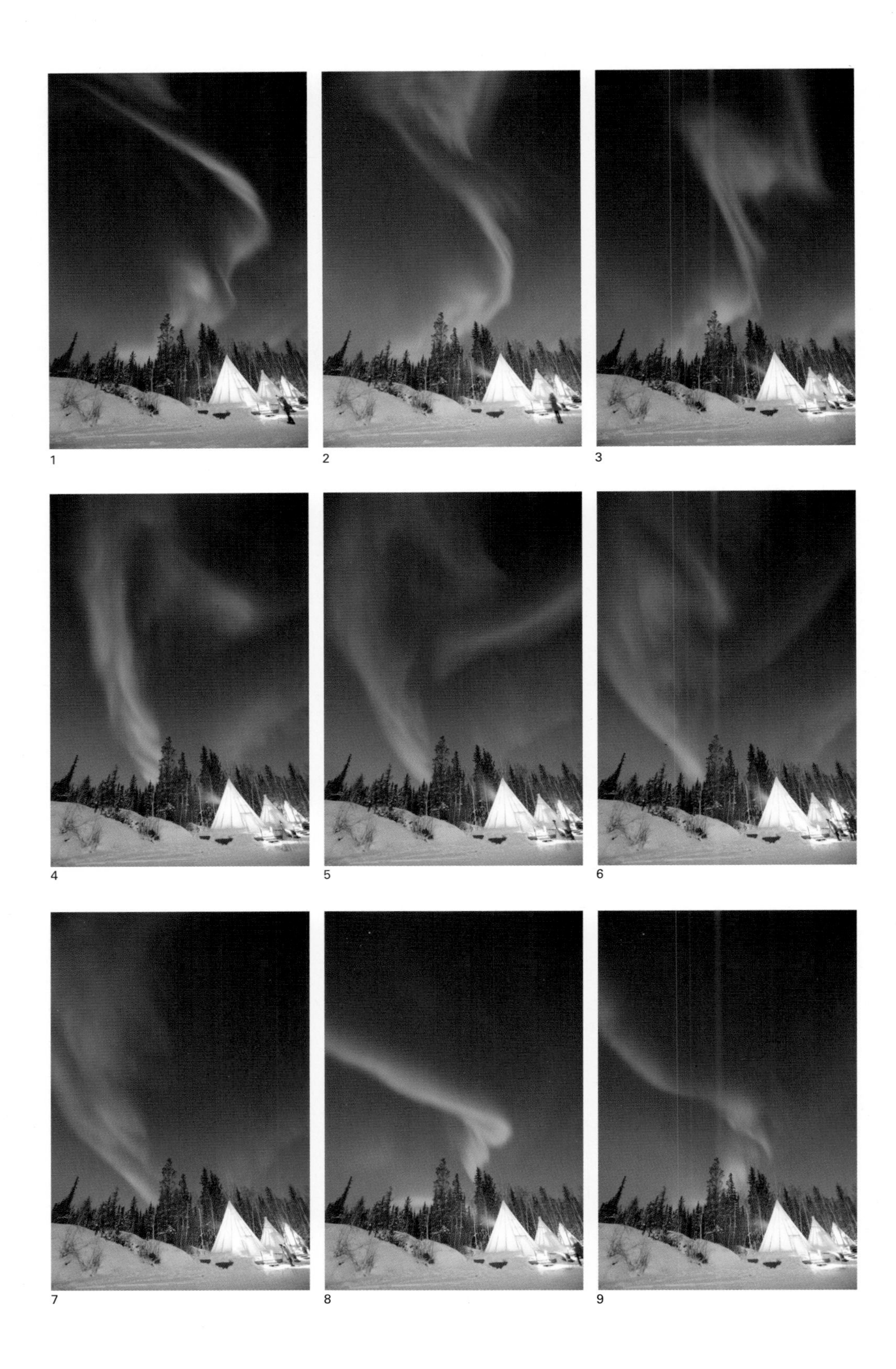

1 2 3 4 5 6 7 8 9

**옐로나이프의 오로라**

◀ 1~9의 순서로 같은 조건에서 촬영 값을 바꿔 가며 지속적으로 촬영한 것이다. 마치 오로라가 춤을 추는 듯하다. 수시로 촬영 값을 바꾸어 촬영해야 하므로 설정은 고정하고 주로 노출 시간을 바꾸어 가며 셔터를 누른다. 자기만의 리듬으로 하나, 둘, 셋, 넷 하는 식으로 말이다.

▲ 어느덧 오로라가 점점 옅어지기 시작한다. 그에 따라 노출을 점점 길게 가져간다. 노출 30초까지도 오로라는 미약하게 표현된다. 하지만 첫날 첫 촬영으로는 훌륭한 편이었다. 참고로 오로라 여행에서 오로라를 못 보게 될 확률이 우리가 생각하는 것보다는 높다. 그런 면에서 행운이라 할 수 있다. (다음 쪽에 계속)

장소 2009년 12월 캐나다 옐로나이프

2

# 태양계 가족들

태양계 내에서 지적 생명체가 사는 곳은 푸른 행성 지구뿐입니다. 소중하고 아름다운 지구의 형제들이 밤하늘에서 태양의 빛을 받아 반사하며 빛을 냅니다. 먼 곳에서 다가오는 혜성이나 소행성들도 태양계의 가족입니다. 수만 년의 고독을 이겨 낸 인간은 끝없는 도전 끝에 언젠가는 우리 지구의 가족인 다른 행성들에 다가갈 것입니다. 새벽녘 찬란하게 빛나는 금성의 차고 기움의 신비로움과 목성의 위성들, 토성의 테는 우리의 상상력을 자극합니다. 이제 천천히 지구 밖으로 나가 본격적인 우주 여행을 해 볼까 합니다.

**광덕산의 떠오르는 하현 달**

겨울 달이 광덕산의 능선을 따라 떠오른다. 짧은 순간에 담을 수 있는 사진이다.

| | |
|---|---|
| 장소 | 2009년 2월 충청남도 아산시 송악면 마곡리 호빔 천문대 |
| 망원경 | 미카게 350 뉴턴식 반사 망원경(F6 Fl2100) |
| 적도의 | 미카게 350식 적도의 |
| 카메라 | 캐논 5D MarkII |

호빔 천문대의 남쪽에는 이 지역에서 가장 높고 큰 광덕산이 자리하고 있습니다. 사진은 겨울 광덕산 위로 떠오르는 달입니다. 달은 지구에서 평균 38만 킬로미터 정도 떨어져 있습니다. 지금부터 달 여행을 시작해 볼까요?

사진의 달은 상현달입니다. 상현달은 우리의 생활 깊이 들어와 있는 달입니다. 왜냐하면 우리가 가장 잘 볼 수 있는 시간대에 이미 높은 하늘에 떠 있기 때문입니다. 그래서 우리는 늘 토끼를 먼저 보게 됩니다. 아마 같은 시간대에 하현달이 떴다면 토끼 민화는 안 생겼을 수도 있을 겁니다. 천체 사진가들에게 상현달은 그리 싫지 않은 대상일 수 있습니다. 적당한 시간대에 지기 때문에 새벽녘부터는 별을 찍을 수 있으니까요. 풍경 별 사진을 찍는다면 상현달은 지상 풍경에 은은한 달빛을 더해 줄 것입니다. 더욱이 상현은 분화구에 그림자를 드리워 달 관측의 호조건을 만들어 주기도 합니다.

**미카게 350적도의와 망원경**

일본에서 폐기 처분될 위기에 있던 망원경을 들여와 닦고 조이고 해서 재탄생시켰다. 듬직한 만듦새와 상대적으로 긴 F수, 그리고 정밀한 미러로 뛰어난 상을 보여 준다. 주로 안시 관측과 행성과 달의 고배율 관측용이지만, 물론 일반적인 딥스카이 관측에도 뛰어난 콘트라스트를 보여 주었다. 한동안 호빔 천문대의 주 망원경 노릇을 해 왔지만 지금은 개인 천문대를 갖고 있는 지인에게 분양된 상태이다.

| 형식 | 뉴턴식 반사 망원경 | 유효 구경 | 350밀리미터 |
|---|---|---|---|
| 사경 | 80밀리미터 | 초점 거리 | 2100(F6) |
| 집광력 | 2500배 | 분해능 | 0.33″ |
| 한계등성 | 14.5 | 파인더경 | 7X50 경통 |
| 무게 | 80킬로그램 | 적도의 | 미카케 350 적도의 탑재 |
| 중량 | 150킬로그램 | 총 무게 | 650킬로그램 |

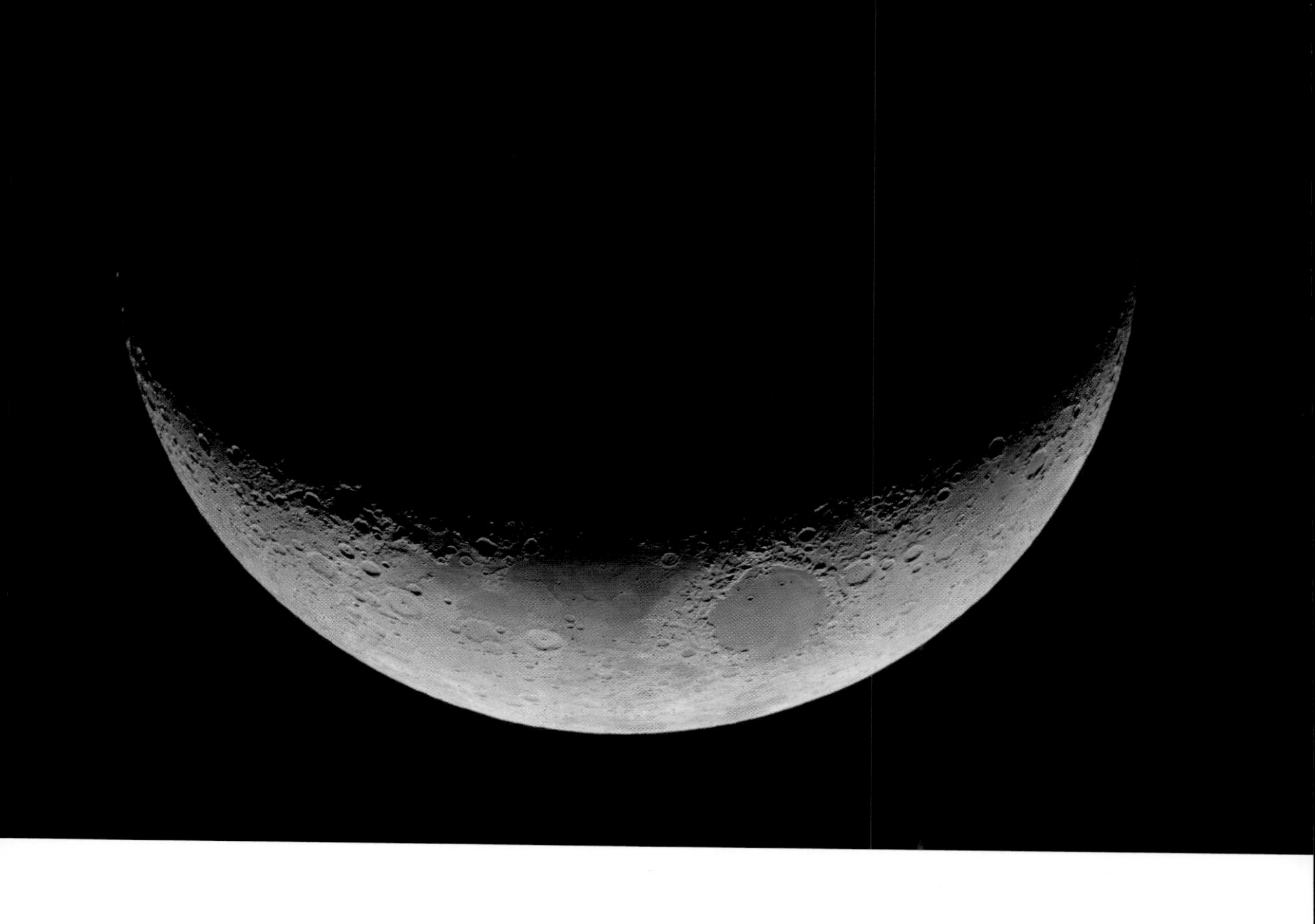

**월령 4.14의 달**

이런 달을 촬영하기 위해서는 해 지기 전 밝을 때 촬영 세팅을 끝내야 한다. 해가 지고 어두워지기 전에도 촬영이 가능한 달이다.

| | |
|---|---|
| 장소 | 2014년 3월 충청남도 아산시 배방읍 연화로 |
| 망원경 | 다카하시 TSC225 |
| 적도의 | 니콘 독일식 적도의 |
| 카메라 | 캐논 EOS 5D MarkIII |

**상현(월령 7.4)**
왼쪽은 선명한 상현달이 서쪽으로 기울 무렵 하늘이 아직 밝아 촬영해 본 상현달이다. 6명의 천체 사진가의 공동 공간인 나다 천문대는 한동안 한국 천체 사진의 공장 역할을 해 왔던 곳이다. 자작 반사 망원경의 위력이 느껴지는 달 사진이다.

| | |
|---|---|
| 장소 | 2005년 3월 강원도 횡성군 천문인 마을 나다 제1천문대 |
| 망원경 | HOBYM 292FN |
| 적도의 | 미국 AP사 EQ-1200GTO |
| 카메라 | 미국 SBIG ST-10XE + CFW-8A(-30도 냉각) |

**상현(월령 10.8)**
오른쪽 사진은 시상이 좋지 않은 날에 찍은 것이었다. 원래 목표는 확대 촬영이었으나 갑자기 따뜻해진 날씨로 인해 대기가 불안정했다. DSLR의 직초점 달 촬영은 달의 세부를 잡아내기에는 무리가 있다.

| | |
|---|---|
| 장소 | 2009년 2월 충청남도 아산시 송악면 마곡리 호빔 천문대 |
| 망원경 | 미카게 350 뉴턴식 반사 망원경(F6 Fl2100) |
| 적도의 | 미카게 350식 적도의 |
| 카메라 | 캐논 5D MarkII |

# 달 착륙 기념 지도

천체 사진가의 입장에서 달이라고 하면 방아 찧는 토끼라든가 납량 특집 드라마의 단골 구미호보다는 역시 지구에서 가장 가까운 천체라는 사실이 머릿속에 떠오릅니다. 어찌 보면 지구가 달을 하나만 갖고 있는 것은 별빛에 미쳐 사는 아마추어 천문가나 천문학자에게는 참으로 다행스러운 일이라 할 수 있습니다. 목성이나 토성처럼 지구가 달을 여러 개 갖고 있다면 아름다운 별빛이 달빛을 뚫고 우리 기억 속에 자리하기 힘들 테니까 말입니다. 어릴 적 달이 없는 밤하늘에는 하늘 가득 별빛이 있었습니다. 어둠 속에서 아스라이 빛나는 별빛들은 보름달의 빛만큼 충만하지는 않더라도 소년소녀들의 마음속에 과학적인 호기심의 형태로든 문학적인 감상의 형태로든 우주에 대한 동경을 심어 주었음은 말할 나위가 없습니다. 현대인들은 달과 별을, 하늘에 떠 있는 아름다움을 잊고 있는지도 모르겠습니다.

달이 동쪽 하늘에 떠오를 때는 이미 그쪽의 별빛들이 빛을 잃기 시작합니다. 해가 지고 어두워진 하늘이 다시 조금 밝아집니다. 이윽고 밝은 달이 떠오릅니다. 그렇게 밝지도, 그렇게 어둡지도 않은 달의 밝기는 보는 사람의 주변 환경이나 심리 상태에 따라 다른 느낌으로 다가오고는 합니다. 당나라 시인 왕유나 청록파 시인 박목월이 이끌린 달의 서정적인 면들은 달이 태양의 빛을 받아 적당량의 밝기로 어두운 밤에 빛을 보내기 때문일 것입니다. 달빛은 밤의 풍경에 별하늘의 장관에 오묘한 조화의 빛을 더합니다. 지구와 달과 별이 함께 만드는 빛의 조화는 천체 사진가인 제게 더할 나위 없는 감동을 줍니다.

**대동여지도 월면지도 증보판**

| | |
|---|---|
| 장소 | 2009년 10월 충청남도 아산시 송악면 마곡리 호빔 천문대 |
| 망원경 | 미카게 350 뉴턴식 반사 망원경(F6 FI2100) + 4배 확대 렌즈 |
| 적도의 | 미카게 350식 적도의 |
| 카메라 | 미국 SBIG ST-11000×M(-30도 냉각) |

달과 가장 자주 가까이 하며 자연 풍경과 잘 어우러지는 천체는 아마도 금성일 것입니다. 금성은 기울어 가거나 막 차기 시작한 조각달과 함께 자주 서쪽 또는 동쪽 하늘에서 모습을 나타냅니다. 이럴 때는 보통 천문박명이나 천문여명의 검푸른 하늘색과 어우러져 아주 신비한 풍경을 연출하곤 합니다.

'대동여지도 월면 지도 증보판'은 2009년 세계 천문의 해를 맞아 한국에서는 처음으로 제작한 달 지도입니다. 2100밀리미터의 초점 거리의 반사 망원경에 초점 거리를 두 배로 늘리는 장치를 장착하고 1100만 화소의 천체 사진 전용 카메라를 이용해 120여 장을 찍은 후 그중 화질이 가장 좋은 30장을 선별해 모자이크 기법으로 처리한 것입니다.

2009년은 세계 천문의 해였습니다. 2009년 세계 천문의 해 한국 조직 위원회에서는 여러 행사를 기획했고 그중 하나가 국내 최초로 상세 달 지도를 만들자는 것이 있었습니다. 다음은 그해 12월《연합뉴스》에 실린 조직 위원회 발표 내용입니다.

> 2009 세계 천문의 해 한국 조직 위원회는 달 착륙 40주년을 기념해 '대동여지도 월면 지도 증보판'을 오는 31일 공개할 예정이라고 29일 밝혔다. '대동여지도 월면 지도 증보판'은 조직위가 국내 아마추어 천문가들에게 의뢰해 제작한 정밀 달 사진 지도로, 초중고 학생들의 교육 자료로 활용될 예정이다. 제작에 참여한 천문가들은 조선 말기 김정호 선생이 한반도의 동서와 남북을 직접 걸어 다니며 22장으로 나눠 대동여지도를 완성했듯이 달을 찍은 120장의 디지털 영상 가운데 선별된 30장을 모자이크 기법으로 붙여 완성했다. 또 우리나라에서 처음 제작한 본격 월면 지도라는 뜻을 담아 '대동여지도 월면 지도 증보판'이라는 이름을 붙였다. 이 지도에는 달 표면, 산맥, 바다 등 80여 곳의 지명과 이에 대한 설명이 기재되어 있으며, 대표적인 달 지형 가운데 10곳을 높은 배율로 찍은 사진들을 추가했다. 조직위는 이 지도를 대형 사진으로 제작해 내년 초 전국 16개 교육청을 통해 일선 학교에 배포할 계획이다. 지도는 웹 사이트(www.astronomy2009.kr)에서 내려 받을 수 있으며, 줌 등의 기능을 이용하면 달 표면의 모습을 좀 더 자세히 볼 수 있다고 조직위 측은 설명했다. 달 사진은 아마추어 천문가 황인준 씨가 지난 10월 4일 충남 아산시 송악면 마곡리 호빔 천문대의 지름 350밀리미터 반사 망원경과 CCD 카메라를 이용해 촬영했으며, 표면 지형 확대 사진은 아마추어 천문가 최승룡 씨가 지난 2003년부터 최근까지 촬영한 것이다. 황인준 씨는 "달 전체를 찍으려면 보름을 택해야 했는데 대부분 날씨가 흐려 어려움을 겪었다."라며 "기회가 되면 좀 더 좋은 지도를 만들어 어린 학생들에게 나누어 주고 싶다."라고 말했다.

이런 의미 있는 프로젝트에 참여했다는 기억만으로도 마음이 뿌듯합니다.

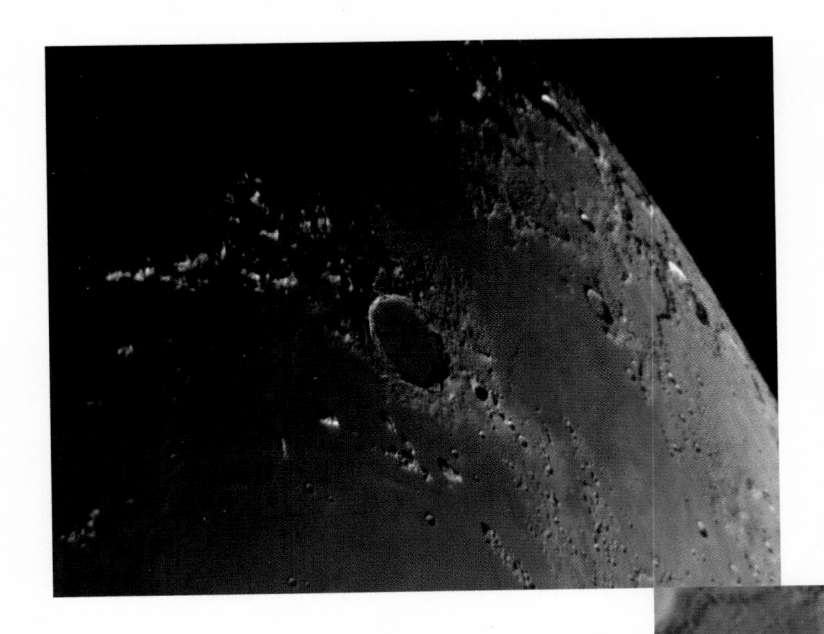

**얼음의 바다 부근**

1280×1024해상도로 초당 10프레임씩 얼음의 바다를 150장 촬영해 전용 합성 프로그램으로 표준화해 이미지 처리를 했다. 행성 촬영이나 월면 확대 촬영 등에 쓰이는 기법이다. 무엇보다도 대기의 안정도가 좋아야 세부의 표현이 가능하다. 장초점 굴절 망원경의 위력이 엿보인다.

| | |
|---|---|
| 장소 | 2008년 8월 충청남도 아산시 송악면 마곡리 호빔 천문대 |
| 망원경 | 미카게 350 뉴턴식 반사 망원경(F6 Fl2100)＋2배 확대 렌즈 |
| 적도의 | 미카게 350식 적도의 |
| 카메라 | 중국 QHY-5 동영상 카메라 |
| 대기 안정도 | 4/10 |
| 대기투명도 | 1/5 |

**튀코 브라헤**

| | |
|---|---|
| 장소 | 2008년 8월 충청남도 아산시 송악면 마곡리 호빔 천문대 |
| 망원경 | 미카게 350 뉴턴식 반사 망원경(F6 Fl2100)＋2배 확대 렌즈 |
| 적도의 | 미카게 350식 적도의 |
| 카메라 | 중국 QHY-5 동영상 카메라 |
| 대기 안정도 | 4/10 |
| 대기 투명도 | 1/5 |

**프톨레마이오스 크레이터 부근**

| | |
|---|---|
| 장소 | 2008년 8월 충청남도 아산시 송악면 마곡리 호빔 천문대 |
| 망원경 | 미카게 350 뉴턴식 반사 망원경(F6 Fl2100) + 2배 확대 렌즈 |
| 적도의 | 미카게 350식 적도의 |
| 카메라 | 중국 QHY-5 동영상 카메라 |
| 대기 안정도 | 4/10 |
| 대기 투명도 | 1/5 |

**코페르니쿠스 크레이터 부근**

| | |
|---|---|
| 장소 | 2008년 8월 충청남도 아산시 송악면 마곡리 호빔 천문대 |
| 망원경 | 미카게 350 뉴턴식 반사 망원경(F6 Fl2100) + 2배 확대 렌즈 |
| 적도의 | 미카게 350식 적도의 |
| 카메라 | 중국 QHY-5 동영상 카메라 |
| 대기 안정도 | 4/10 |
| 대기 투명도 | 1/5 |

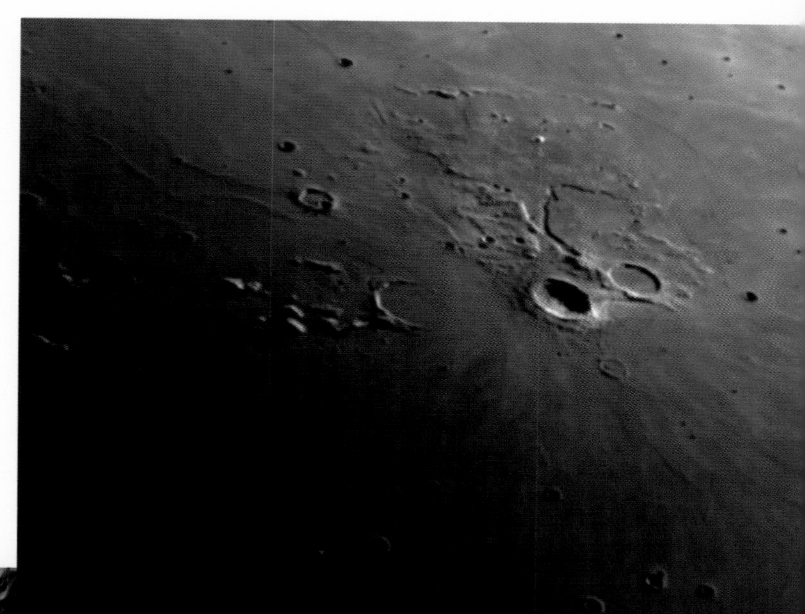

**페타비우스 크레이터 부근**

| | |
|---|---|
| 장소 | 2008년 1월 충청남도 아산시 송악면 마곡리 호빔 천문대 |
| 망원경 | 미카게 350 뉴턴식 반사 망원경(F6 Fl2100) |
| 적도의 | 미카게 350식 적도의 |
| 카메라 | 중국 QHY-5 동영상 카메라 |
| 대기 안정도 | 4/10 |
| 대기 투명도 | 2/5 |

**아리스타쿠스 크레이터 부근**

| | |
|---|---|
| 장소 | 2008년 8월 충청남도 아산시 송악면 마곡리 호빔 천문대 |
| 망원경 | 미카게 350 뉴턴식 반사 망원경(F6 Fl2100) + 2배 확대 렌즈 |
| 적도의 | 미카게 350식 적도의 |
| 카메라 | 중국 QHY-5 동영상 카메라 |
| 대기 안정도 | 4/10 |
| 대기 투명도 | 1/5 |

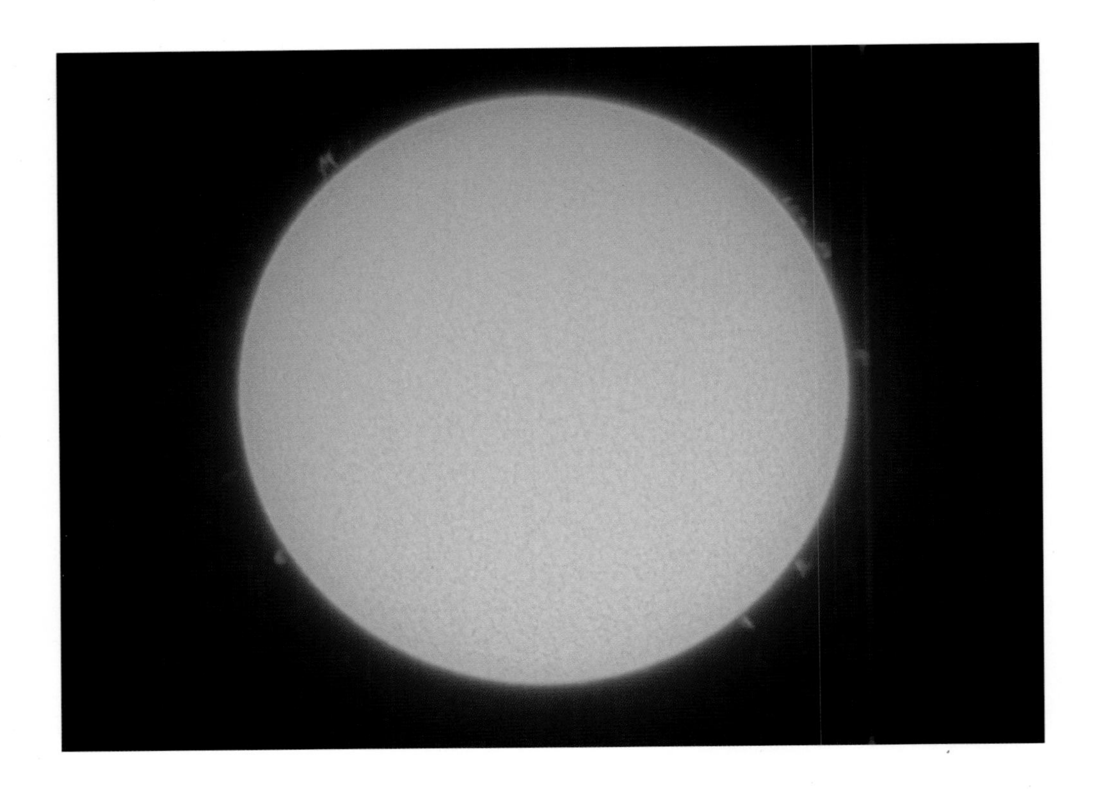

연일 메마르고 맑은 날의 연속입니다. 논 가운데 있는 천문대라서 가뭄에 고생하는 농민들 눈치가 보입니다. 김삼진 님에게서 대여한 60밀리미터 코로나도 필터로 맑은 날 낮에 태양을 찍어 보았습니다. 아주 매력적인 기기입니다. 하지만 안시 관측으로 보는 것만큼 찍어 내기가 쉽지 않았습니다. 이날은 마을의 터줏대감인 까치들과 새끼를 위해 먹이사냥에 나선 황조롱이의 한 치의 양보 없는 공중전이 장관이었습니다. 논 한가운데 있어 동식물들과의 교감이 많은 편입니다. 요즈음에는 꽃밭에서 뱀이 많이 보입니다.

**▲ 태양**

특수 필터를 망원경의 앞쪽에 장착을 해 촬영을 하면 홍염과 표면의 세부를 촬영할 수 있다. 크기로 보면 사진의 큰 홍염 안으로 지구가 몇 개는 들어갈 것이다.

| | |
|---|---|
| 장소 | 2009년 4월 충청남도 아산시 송악면 마곡리 호빔 천문대 |
| 망원경 | 일본 펜탁스 125SDHF + Coronado 60 BF30 2" Blocking Filter |
| 적도의 | 일본 펜탁스 MS-5 |
| 카메라 | 캐논 EOS 5D MarkII |
| 대기 안정도 | 4/10 |
| 대기 투명도 | 2/5 |

**▶ 태양**

감도가 뛰어난 동영상 카메라와 처리 프로그램의 비약적인 발전으로 많은 정보를 촬영해 처리할 수 있다. 수년 전과 비교하면 대단한 발전이다.

| | |
|---|---|
| 장소 | 2014년 3월 충청남도 아산시 배방읍 연화로 |
| 망원경 | 미국 Lunt 60 태양망원경 |
| 적도의 | 일본 다카하시 EM11 Temma2Jr. |
| 카메라 | DMK 51 Color |
| 대기 안정도 | 5/10 |
| 대기 투명도 | 2/5 |

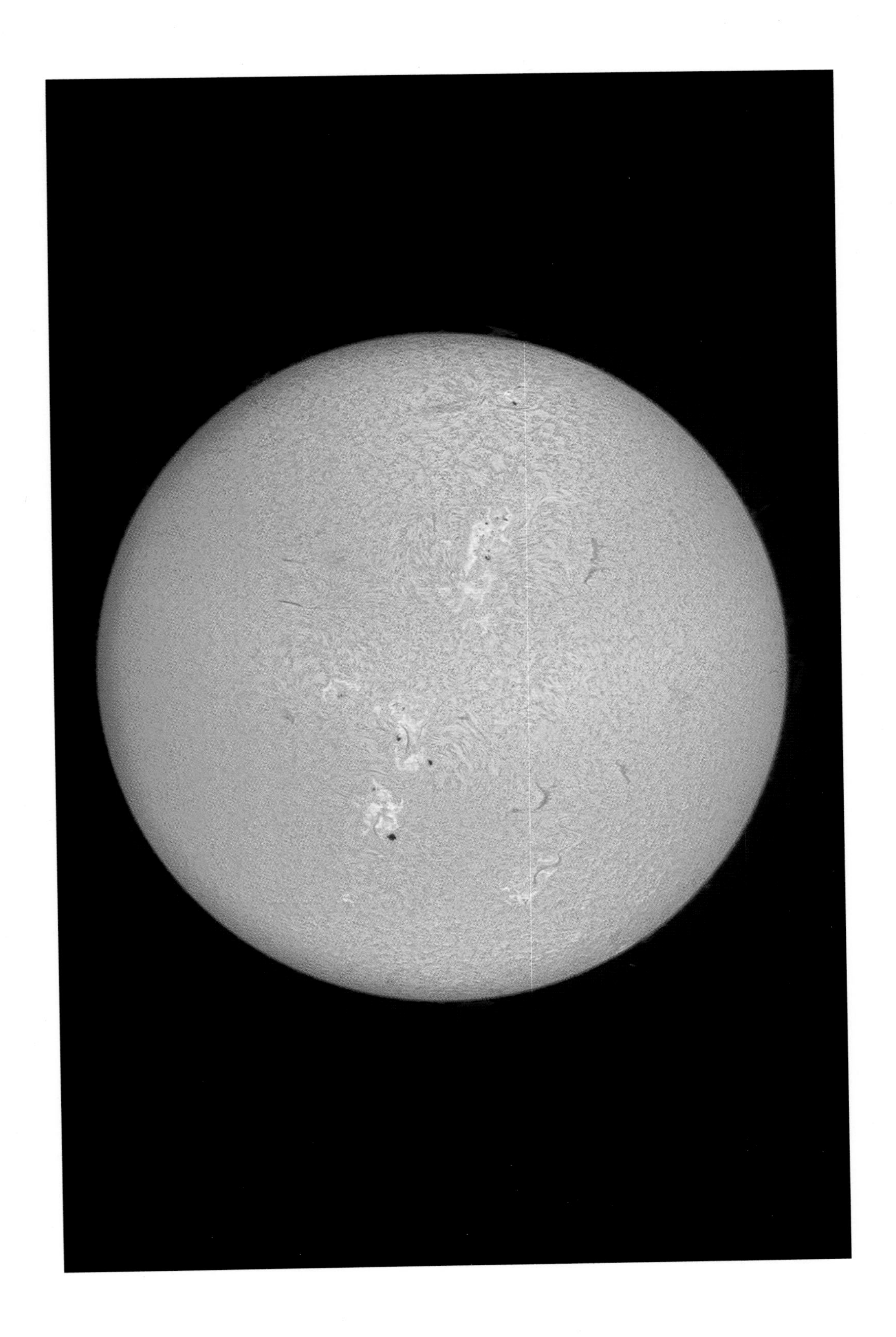

강원도 횡성군 덕초현의 천문인 마을은 이름만큼이나 많은 별지기들이 둥지를 틀고 개인 천문대를 운영하거나 정착해 삽니다. 이곳에서 플레이아데스와 거대 혜성의 만남을 카메라로 포착했습니다. 아마도 이런 장관을 평생 또 찍을 수 있을지 모르겠습니다. 혜성과 천체를 넣고 촬영한 이 사진은 세계에서 유일한 것입니다.

**맥홀츠 혜성과 플레이아데스 성단**

F수가 빠르고 정밀한 망원 렌즈는 천체 사진에서 충분히 위력을 발휘할 수 있다. 렌즈의 내부 조리개를 사용하지 않고 전면에 도넛처럼 링을 제작해 주변광을 차단하는 식으로 F수를 조절했다.

장소 2005년 1월 강원도 횡성군 덕초현 천문인 마을
망원 렌즈 캐논 200밀리미터 F1.8L → F2.5
적도의 일본 다카하시 EM200 Temma2Jr.
카메라 캐논 EOS 20D

몽골에 도착해서 세 번째 밤을 지새운 날이었습니다. 하늘은 별이 콕 박혀 있는 듯했습니다. 밤새도록 하늘은 맑고 지평선까지 별이 빼곡했습니다. 기온은 섭씨 -35도를 밑도는 혹한이었고 주변 모습은 마치 화성에 와 있는 듯 황량했습니다. 그 황량한 풍경 위로 혜성이 걸려 있었습니다.

지상에서 찍은 천문 사진으로도 혜성핵에서 떨어져 나온 파편이 꼬리에 어떤 영향을 주는지 볼 수 있습니다. 오른쪽 사진에서 시간이 지남에 따라 혜성 본체의 파편이 기화되며 먼지 꼬리에 흡수되는 모습을 볼 수 있습니다. 혜성의 꼬리 변화 시퀀스는 처음 촬영해 봅니다.

**▲ 러브조이 혜성**

| | |
|---|---|
| 장소 | 2013년 12월 몽골 울란바타르 인근 준모드 농장 |
| 망원경 | 다카하시 FCT76 + 전용 리듀서 |
| 적도의 | 다카하시 EM11 Temma2Jr. |
| 카메라 | Starlight Xpress SXV-25C 원샷 컬러 CCD카메라 |

**▶ 러브조이 혜성 꼬리의 변화**

시간을 두고 촬영한 이미지를 포토샵을 이용해 나열해 보았다. 시간이 지남에 따라 혜성의 파편이 어떻게 기화하며 먼지 꼬리에 흡수되는지를 알 수 있다.

| | |
|---|---|
| 장소 | 2013년 12월 몽골 울란바타르 인근 준모드 농장 |
| 망원경 | 다카하시 FCT76 + 전용 리듀서 |
| 적도의 | 다카하시 EM11 Temma2Jr. |
| 카메라 | Starlight Xpress SXV-25C 원샷 컬러 CCD카메라 |

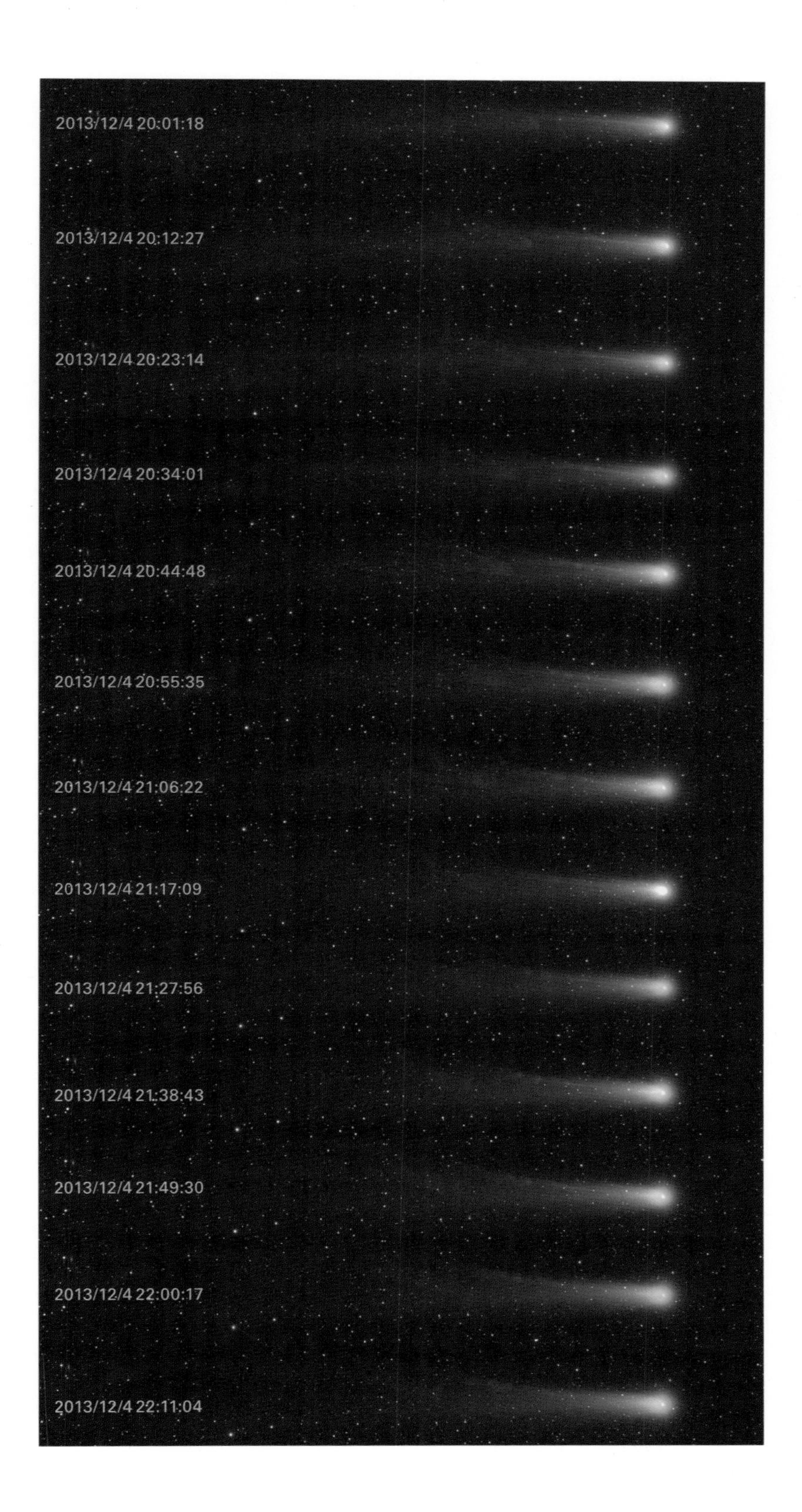
2013/12/4 20:01:18
2013/12/4 20:12:27
2013/12/4 20:23:14
2013/12/4 20:34:01
2013/12/4 20:44:48
2013/12/4 20:55:35
2013/12/4 21:06:22
2013/12/4 21:17:09
2013/12/4 21:27:56
2013/12/4 21:38:43
2013/12/4 21:49:30
2013/12/4 22:00:17
2013/12/4 22:11:04

아주 맑은 날이었습니다. 정말 오랜만에 구름의 방해 없이 마음 놓고 밤하늘을 즐기고 느꼈습니다. 마음의 여유 없이 바쁜 나날들 속에 이런 밤하늘은 청량한 칵테일과도 같습니다. 사자자리 앞 무릎 부근에서 사진의 혜성을 발견했습니다. 루린 혜성입니다. 루린 혜성의 핵은 덜 밝지만 꼬리가 발달하고 있습니다. 아쉬운 점은 이온 꼬리가 먼지 꼬리와 합쳐져 구분이 안 간다는 것입니다. 이온화된 기체로 이루어진 푸른 빛이 도는 이온 꼬리와 그 바깥쪽 먼지와 금속 입자로 구성된 흰색의 먼지 꼬리가 혜성의 전형적인 모습입니다.

**루린 혜성**

별을 중심으로 합성할 경우 혜성에 따라 차이가 있겠지만 그 시간을 10분을 넘지 않게 하는 것이 좋다. 핵과 꼬리의 세부 표현에서는 손해를 볼지 몰라도 현실감 있는 사진을 얻을 수 있다.

| | |
|---|---|
| 장소 | 2009년 3월 충청남도 아산시 송악면 마곡리 호빔 천문대 |
| 망원경 | 일본 다카하시 Sky-90 + 리듀서 |
| 오토 가이더 | 일본 다카하시 FSQ-106ED + QHY-5 |
| 적도의 | 다카하시 EM200 Temma PC |
| 카메라 | 캐논 EOS 5D Mark II |
| | ISO 3600, 150sec X 3 별 얼라인 합성 |

**루린 혜성**

혜성의 핵을 중심으로 합성하면 혜성의 상세한 모습을 살려낼 수 있다.

| | |
|---|---|
| 장소 | 2009년 3월 충청남도 아산시 송악면 마곡리 호빔 천문대 |
| 망원경 | 일본 다카하시 Sky-90 + 리듀서 |
| 오토 가이더 | 일본 다카하시 FSQ-106ED + QHY-5 |
| 적도의 | 다카하시 EM200 Temma PC |
| 카메라 | 캐논 EOS 5D Mark II |
| | ISO 2000, 90sec X 24 혜성 핵 중심 합성 |

2

2년에 한 번 정도 지구와 가까워지는 행성 화성은 지구에 다가올 때면 밤하늘에서 아주 붉게, 그리고 밝게 빛납니다. 2003년 화성의 지구 최대 접근일 하루 전에 촬영했을 때에는 거리가 약 6000만 킬로미터였습니다. 물론 가장 멀리 있어 태양의 반대편에 있을 경우에는 3억 7000만~3억 8000만 킬로미터 떨어져 있게 됩니다. 화성-지구-태양 순으로 나란히 늘어서 충이 될 때면 극관의 얼음 층들은 녹아서 화성의 대기에 스며듭니다. 사진의 오른편 올림푸스 산 동쪽으로 대기의 굴절로 인한 푸른색 안개 같은 것이 보입니다. 화성 관측의 매력은 지속적인 사진 관측을 통해 화성의 먼지 폭풍이나 대기의 운동 또 극관의 변화 등을 관찰할 수 있다는 데 있습니다. 비록 20초가 겨우 넘는 시직경의 작은 화성과 지구의 대기를 뚫고 보는 조건이지만 그 지속적인 관측은 마치 화성으로의 우주 여행을 하고 있는 듯한 착각에 빠지게 한답니다.

지구와 화성의 최대 접근 거리는 지구와 화성의 공전 주기와 궤도 모양에 따라 매년 바뀝니다. 21세기 들어서는 2003년에 가장 가까웠고 2005년과 2007년에도 꽤 접근했습니다. 2016년에도 상당히 가까워질 것입니다. 화성 여행에 대한 로망이 다시 한 번 불타오르겠지요.

지속적인 화성 관측은 혼자만의 작업이 아닐 경우도 있습니다. 국제적인 보고 규격에 맞추어 ALPO(The Association of Lunar & Planetary Observers)라는 천문 연구 단체에 사진을 보고하면 행성의 대기 연구에 사진이 활용됩니다. 전 세계의 수많은 천문인들과 행성 관측가들은 천문학자들과의 연계를 맺고 서로서로 보완하고 있습니다. 이러한 학문적 기여 역시 천문인들에게 커다란 동기 부여가 됩니다.

**지구 최접근 화성**

다카하시에서 100대 한정 생산된 슈미트카세그레인 망원경은 구경이 갖는 값보다 더 성능을 발휘한다. 행성 촬영에 푹 빠져 지낼 때의 사진으로 화성이 6만 년 만에 대접근했을 때 찍었다. 평년 접근 시 화성의 시직경은 15초 내외지만 이때는 사진에서 볼 수 있듯이 25초에 육박했다. 사진을 통해 화성의 먼지 폭풍이나 통트는 부분의 대기 상태, 극관의 상태 등을 관찰할 수 있었다.

| | |
|---|---|
| 장소 | 2003년 8월 경기도 광주시 강남 300 골프클럽 주차장 |
| 망원경 | 일본 다카하시 TSC225 @ F36 |
| 적도의 | 다카하시 EM200 Temma2Jr. |
| 카메라 | 필립스 ToUcam Pro |
| 대기 안정도 | 6/10 |
| 대기 투명도 | 3/5 |

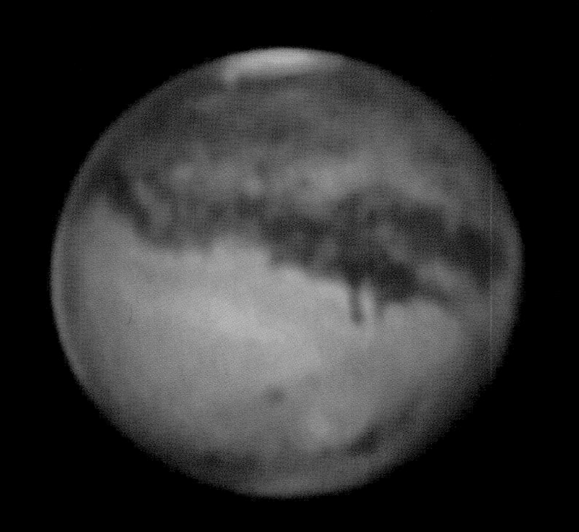

2

다가오는 화성 극관의 먼지를 촬영해 보고자 했습니다. 화성이 충의 자리에 있을 때 비하면 꽤 먼 상태입니다. 이러한 시도들에서 아마추어적인 접근과 연구적인 접근이 만나게 됩니다.

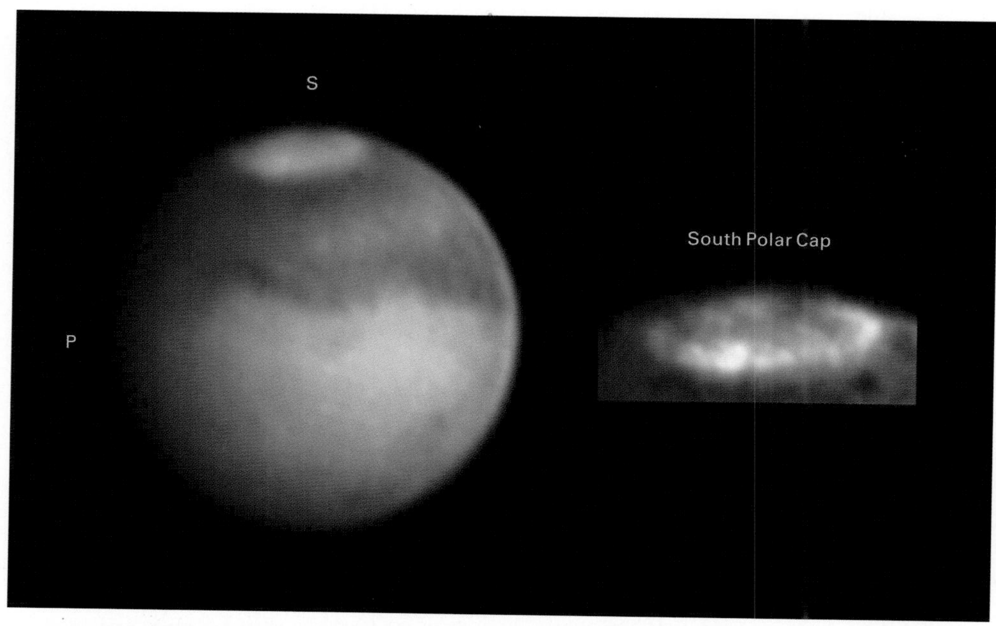


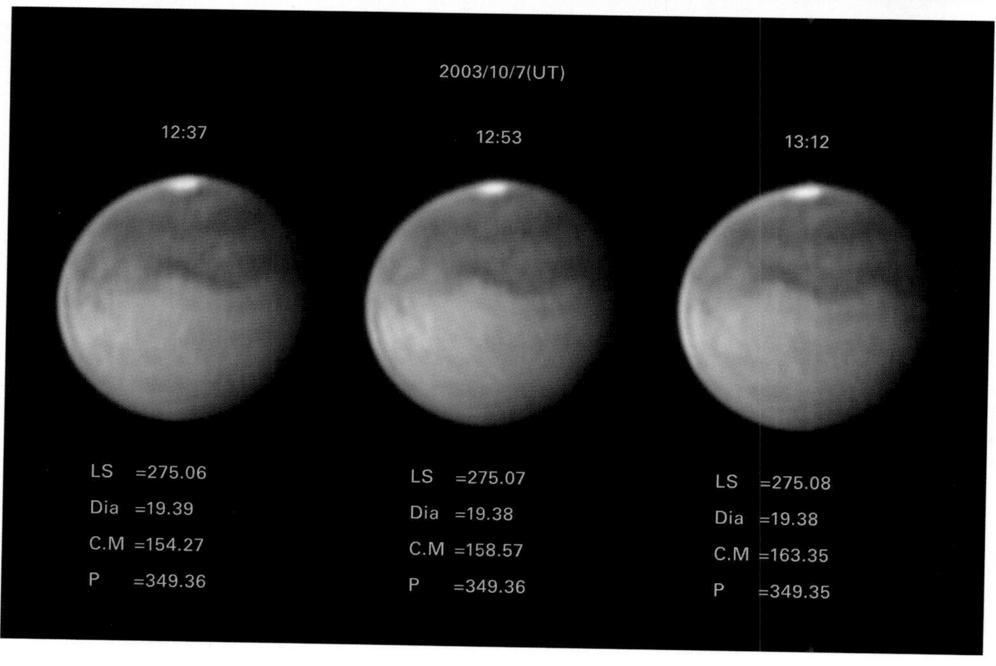

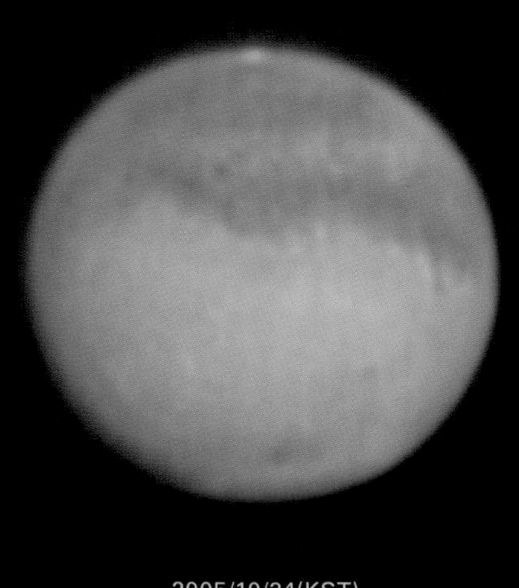


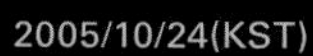


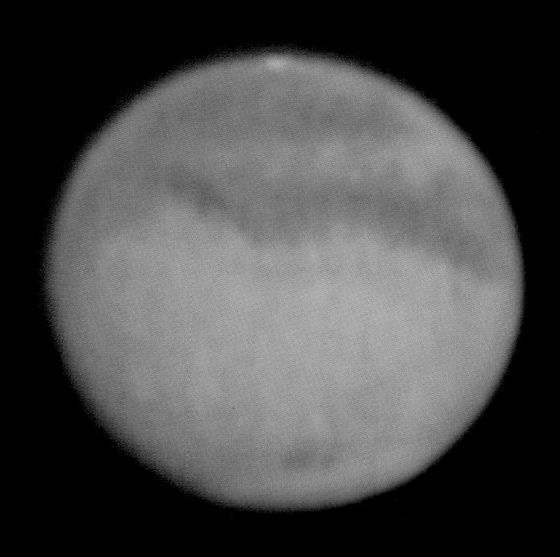




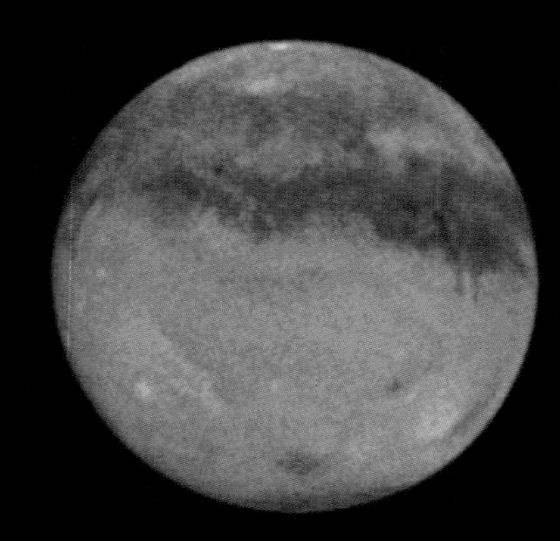


**◀ 2003년의 화성**

충을 향하며 지구에 다가올 때의 사진이다. 아직 극관이 꽤 커다란 것을 볼 수 있다.(위)

화성이 충을 지나 태양으로부터 멀어질 때 촬영한 이미지다. 화성의 차고 기울기로 지구와 태양의 각도와 공간감을 느낄 수 있다.(아래)

| | |
|---|---|
| 장소 | 2003년 10월 경기도 광주시 오포읍 전원 주택지 |
| 망원경 | 일본 다카하시 TSC225 @ F36 |
| 적도의 | 다카하시 EM200 Temma2Jr. |
| 카메라 | 필립스 ToUcam Pro |
| 대기 안정도 | 7~8/10 |
| 대기 투명도 | 3/5 |

**▲ 2005년의 화성**

일본의 행성 전문 관측가 이케무라 씨가 만든 시뮬레이션 결과(오른쪽)와 비교해 볼 수 있다. 오랜만에 개인 관측소에서 찍은 행성 사진이다. 시상은 좋지 않았지만 역시 고도가 높은 것이 예전 대접근 때보다 찍기가 수월했던 것 같다. 보정판을 청소하고는 광축을 상세히 맞추지 않은 상태였기 때문에 만족할 만한 사진을 얻지 못했다.

| | |
|---|---|
| 장소 | 2003년 10월 경기도 광주시 오포읍 전원 주택지 |
| 망원경 | 일본 다카하시 TSC225 @ F36 |
| 적도의 | 다카하시 NJP Temma2. |
| 카메라 | 필립스 ToUcam Pro |
| 대기 안정도 | 4/10 |
| 대기 투명도 | 4/5 |

목성은 태양계 행성 중에 가장 크며 지름은 지구의 열두 배에 이릅니다. 약 13개월마다 다가오는 목성의 특징은 자전 속도가 빨라 활발한 대기의 움직임과, 유난히 밝은 빛을 발하는 네 개(이오, 유로파, 가니메데, 칼리스토)의 위성일 것입니다. 시상이 좋은 밤이면 배율을 500배 정도까지 올려 목성 대기를 관측합니다. 목성 대기의 움직임은 역동적이어서 4시간 30분 정도면 나타났다가는 사라지기를 반복합니다.

변화무쌍한 행성 관측과 촬영은 역시 목성이 최고입니다. 적도 벨트의 백반을 비롯해서 북반구의 많은 백반들이 흥미롭습니다. 이날은 비록 투명도는 안 좋았지만 아주 좋은 시상 덕분에 촬영 내내 모니터의 동영상에서 패스툰이나 작은 백반들을 관측할 수 있었습니다. 지구에서 목성까지 가장 가까울 때 거리는 6억 3000만 킬로미터입니다.

마지막으로 행성 사진을 촬영한 것이 이때보다 3년도 더 전입니다. 오랜만에 겨눈 목성은 예전과 다르게 고도가 높게 올라옵니다. 시상은 그리 좋은 편은 아니었지만 이전의 촬영 조건과 비교하면 감도 좋은 카메라와 행성의 고도 정도입니다. 행성 사진은 매우 재미있는 영역입니다.

**목성의 자전**

안개가 출몰하는 것은 대기가 안정된 증거이다. 투명도는 떨어질지언정 어쩌면 최고의 행성상을 선물해 주기도 하니까 말이다. 이날은 기대하고 초저녁부터 망원경까지 미리 냉각시켰다. 역시 8 정도의 아주 드물게 좋은 시상을 안겨 주었다. 비록 대적반도 없고 위성의 영현상도 없지만 디테일이 그저 압권인 그런 날이었다. 가장 좋을 때는 동영상 촬영 시 백반이나 패스툰이 그냥 보이기도 했다. 목성 관측과 촬영 호기의 시즌이다.

| | |
|---|---|
| 장소 | 2013년 11월 충청남도 아산시 연화로 |
| 망원경 | 일본 다카하시 TSC225 @ F30 |
| 적도의 | Nikon 독일식 적도의 |
| 카메라 | DMK21 |
| 대기 안정도 | 5~8/10 |
| 대기 투명도 | 2~3/5 |

**목성과 위성**

고향에 내려와서 좋은 관측지를 찾아 천안 아산 주변을 다닐 때 촬영한 사진이다. 천안 성거산은 동쪽이 트여 있고 빛 공해가 적어 아주 뛰어난 관측 환경을 자랑하는 곳이다.

| | |
|---|---|
| 장소 | 2004년 2월 충청남도 천안시 성거산 성지 |
| 망원경 | 일본 다카하시 TSC225 @ F30 |
| 적도의 | 다카하시 EM200 Temma2Jr. |
| 카메라 | 필립스 ToUcam Pro |
| 대기 안정도 | 6/10 |
| 대기 투명도 | 3/5 |

**목성의 대적반과 자전**

목성의 대적반의 움직임을 촬영했다. 자전이 빨라 불과 한 시간 정도만 촬영해도 대적반이 움직이는 모습을 확인할 수 있었다.

장소　2013년 12월 충청남도 아산시 연화로
망원경　일본 다카하시 TSC225 @ F30
적도의　Nikon 독일식 적도의
카메라　DMK21
대기 안정도　6~7/10
대기 투명도　3/5

2003년부터 사진 관측한 기록을 토대로 토성의 테의 기울기를 알기 쉽게 나열해 보았습니다. 언제나 매력적인 토성의 테는 처음 관측을 하며 그 아름다움과 오묘함에 감탄을 금치 못한 기억이 납니다. 토성은 지구에서 가장 가까울 때 약 12억 7000만 킬로미터 거리에 있습니다.

**토성 7년간의 기록**

7년 동안 촬영한 토성 사진 중 잘 나온 것을 나열해 보았다. 지구와 가까워질 때마다 테의 기울기가 변하는 것을 볼 수 있으며 위성이 찍히기도 하고 토성 표면의 백반이 찍히기도 했다. 토성은 아마도 가장 아름다운 천체 중 하나일 것이다.

2003/2/2

2003/11/6

2005/2/21

2006/2/2

2007/2/26

2008/3/6

2009/3/6

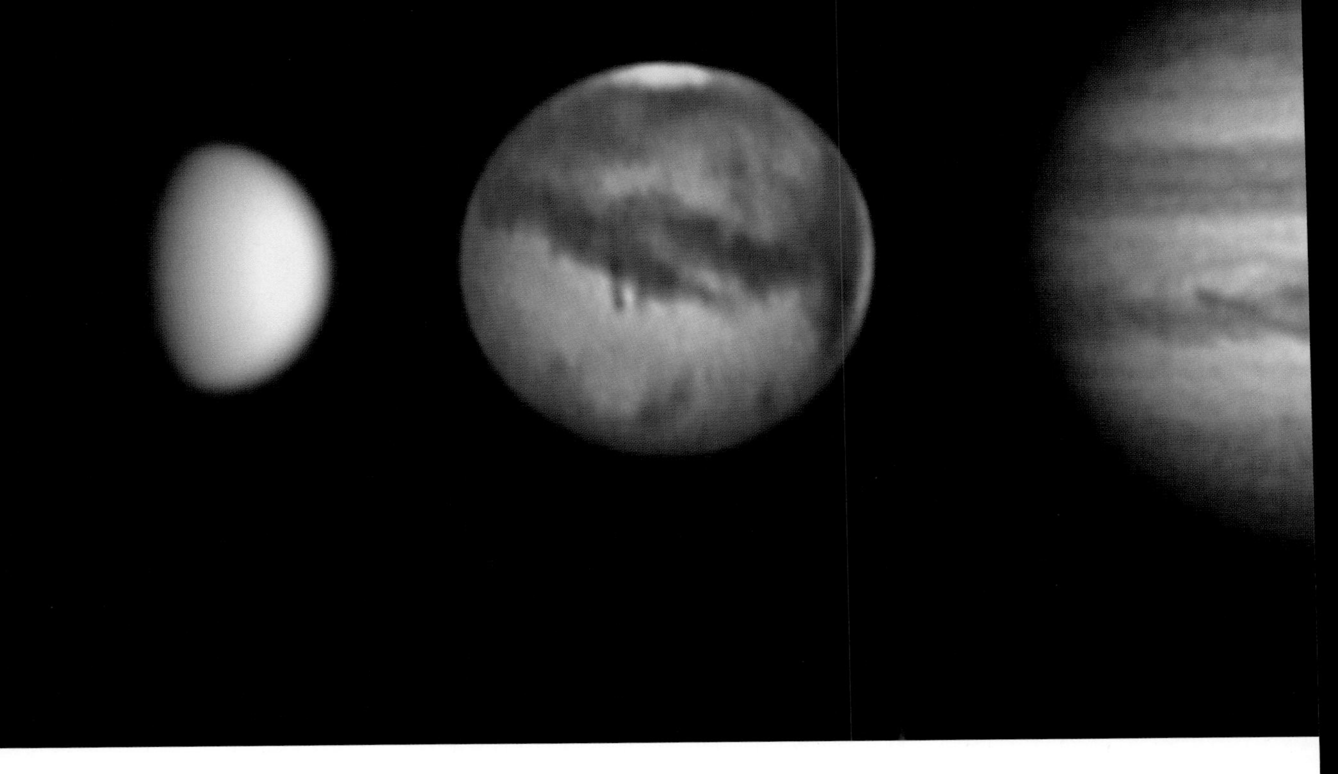

2003년에는 행성 촬영에 열정을 쏟으며 1년 동안 140회 이상을 망원경을 가지고 가까운 곳으로 나가서 촬영을 했던 기억이 납니다. 행성 관측 촬영은 출사 횟수에 따라 그 재미도 비례해서 커집니다. 더욱이 도시에서 옥상에서 아파트 베란다에서 장소에 영향 없이 관측 촬영할 수 있다는 이점이 있습니다.

**▲ 겉보기 시야각 크기별로 나열한 행성들**
행성 관측의 매력에 푹 빠져 있던 2003년에 촬영한 행성들을 시직경별로 조정해 나열해 보았다. 행성 관측은 행성 자체의 빠른 자전 속도와 표면의 무늬 또는 대기의 변화 때문에 역동감을 아주 강하게 느낄 수 있다.

| | |
|---|---|
| 망원경 | 일본 다카하시 TSC225 @ F36 |
| 적도의 | 다카하시 EM200 Temma2Jr. |
| 카메라 | 필립스 ToUcam Pro |

**▶ 천왕성**
한국의 아마추어 천문 사진가로서는 처음 촬영한 천왕성의 확대 촬영 사진이다. 천왕성은 27억 2000만 킬로미터 거리에 있다.

| | |
|---|---|
| 장소 | 2003년 9월 경기도 성남시 분당 |
| 망원경 | 일본 다카하시 TSC225 @ F36 |
| 적도의 | 다카하시 EM200 Temma2Jr. |
| 카메라 | 필립스 ToUcam Pro |

2

# 3

# 은하수의 성운, 성단

우리 은하의 지름은 10만 광년에 이릅니다. 태양같이 스스로 빛을 내는 별들이 무려 4000억 개나 되고 또 지구나 목성 같은 행성들까지 하면 엄청난 수의 천체들이 있습니다. 인간은 우리 은하의 대상들을 관측함으로써 우주의 모든 것을 연구하고 있습니다. 별의 탄생과 죽음, 그리고 우주를 수놓은 에너지를 갖는 성운과 분자운, 성단과 연성의 삶과 죽음의 드라마는 우리는 어디에서 왔는가 하는 원초적인 질문을 푸는 열쇠가 될 것입니다.

여름철 은하수에서 겨울철 은하수까지 수많은 우주의 파노라마가 말을 걸어옵니다. 천체망원경과 감도가 뛰어난 카메라로 그 이야기들을 담아 보고자 합니다. 우리는 태양계를 떠나 점점 우리 은하의 먼 곳과 우리 은하를 구성하는 부속 은하들까지 다가갈 것입니다.

황소자리에 있는 플레이아데스성단 M45는 한국에서는 좀생이성단으로 불립니다. 날이 쌀랑해질 무렵 동쪽 하늘에 나타나서는 가을과 겨울의 하늘을 높은 곳에서 화려하게 수놓습니다. 맨눈으로도 볼 수 있는 이 대상은 몇몇 안 되는 밝고 큰 대상 중 하나로 대개는 1억 년 정도 되는 어린 별들로 이루어져 있습니다. 긴 시간의 노출을 통해 아산 인근의 빛 공해를 이겨 내는 사진을 찍고 싶었습니다. 결과는 아주 만족스러워서 성단 주변의 분자운들도 확인 가능할 정도입니다. 지구에서 440광년 거리에 위치합니다.

**M45 플레이아데스성단**

대도시 근교의 빛 공해가 있는 하늘이지만 긴 노출과 16비트 이미지의 정보량으로 각종 노이즈를 제거하면 훌륭한 이미지를 얻을 수 있다. 긴 노출 시간은 이미지 처리 시간 역시 길어지게 만든다. 마지막 단계의 컬러 도출 작업인 LRGB 처리를 통한 디지털 현상 시의 쾌감은 모든 것을 잊게 하고도 남음이 있다.

Equatorial RA: 03h 47m 51s Dec: +24°09′30″
장소 2008년 10월 충청남도 아산시 송악면 호빔 천문대
망원경 일본 다카하시 FSQ106ED F5(Fl530밀리미터)
적도의 다카하시 EM 11 Temma2Jr.
카메라 SBIG ST-11000×M(-20도 냉각)
총 노출 6시간

**▲ M45 플레이아데스성단**

이날은 새벽에 미러와 사경에 이슬이 내렸다. 연일 이어진 촬영으로 피곤했지만 오랜만에 별빛 아래 행복감을 느꼈다. 사진의 질은 하늘과 어느 정도 비례하는 걸 느낀다. 매년 하늘 높이 뜨는 대상이지만 지나칠 수 없다.

| | |
|---|---|
| 장소 | 2011년 9월 충청남도 아산시 송악면 호빔 천문대 |
| 망원경 | 한국 ADT Kastron Alpha-250CA |
| 적도의 | 한국 아스트로드림테크 MorningCalm 500GE |
| 카메라 | 미국 QSI-583WGS(-15도 냉각) |
| 총 노출 | 120분 |

**▼M45 플레이아데스성단**

사진의 바탕이 거친 것은 투명도 때문이다.

| | |
|---|---|
| 장소 | 2009년 11월 충청남도 아산시 송악면 호빔 천문대 |
| 망원경 | 한국 ADT Kastron Alpha-250CA |
| 적도의 | 일본 다카하시 EM500 Type II |
| 카메라 | 미국 QSI-583WGS(-30도 냉각) |
| 총 노출 | 160분 |

**M45 플레이아데스성단**

미카게 14인치 F6 반사 망원경을 테스트하기 위한 사진이자 첫 사진이다. 그동안 8번 정도 분해·재조립해 여러 번 테스트하고 미러셀을 개조한 것이 성공했다. 좌측의 별상이 좋지 못한 것은 CCD의 불완전한 조립 때문인 것 같다. 장초점 대구경 반사 망원경의 성능이 사진에서 느껴진다.

| | |
|---|---|
| 장소 | 2008년 11월 충청남도 아산시 송악면 호빔 천문대 |
| 망원경 | 일본 미카게 350뉴턴 |
| 적도의 | 일본 미카게 350형 독일식 적도의 |
| 카메라 | 미국 SBIG ST-11000×M Class2(-30도 냉각) |
| 총 노출 | 90분 |

여름 하늘의 주인공 중 하나인 전갈자리의 1등성 안타레스의 주변에는 눈으로 관측할 수는 없지만 수많은 성운 성단과 암흑 성운 등이 있습니다. 안타레스는 아주 붉게 보이는 적색 초거성으로 크기가 자그마치 태양 지름의 1400배에 이르며 화성 궤도보다 큽니다. 안타레스는 지구에서 550광년 거리에 있습니다. 같이 촬영된 구상 성단 M4는 방향만 같을 뿐 거리는 멀어 지구에서 7200광년 정도 떨어져 있습니다.

**안타레스 부근**

중저가의 성능 좋은 렌즈와 카메라로 찍은 사진이다. 작은 덩치의 장비라 해도 효율적으로 조합하고 하늘의 상태가 어떠냐에 따라 다른 결과물이 나온다는 증거다. 상당히 어두운 지역까지 표현이 된다. 조리개를 좀 더 조여 주었다면 아마도 주변 별 상까지 좋았을 것이다.

Equatorial RA: 16h 30m 18s Dec: -26°27′39″
장소 2012년 4월 서호주
망원 렌즈 일본 시그마 70~200 ED F2.8->F3.5
적도의 한국 ADT Beetle Prototype I
카메라 캐논 EOS 5D MarkIII
총 노출 90분

카시오페이아자리에 있는 반사 성운 IC63은 혜성처럼 생겼습니다. 별자리를 구성하는 2등성들이 알파별에 가까이 있어서 독특한 분위기를 자아냅니다. 밝은 별 때문에 맨눈으로는 보이지 않으며 사진 촬영으로 존재를 확인할 수 있습니다. 지구에서 600광년 거리에 있습니다.

**IC59, IC63**

몽골에 처음 도착한 날 그 쪽빛 하늘과 건조함에 한참 들떠서 앞으로 계속 맑겠지 싶었다. 주 대상인 IC59, IC63과 더불어 넓게 퍼져 있는 암흑대를 표현해 보고 싶었다. 파라다이스 리조트는 한국인 주인의 표정만큼이나, 그곳의 아이들만큼이나 평화로운 곳이었다. 노출을 많이 줘서 그런지 노이즈도 적고 바탕도 깨끗한데 아쉬운 것은 추가로 잡고자 하는 대상을 한 화각에 넣지 못한 것이다. 그러면서 더 찍어 길게 모자이크하고자 했지만 하지만 그럴 시간은 더 주어지지 않았다.

Equatorial RA: 01h 00m 21s Dec: +60°59′16″

| | |
|---|---|
| 장소 | 2010년 10월 몽골 울란바타르 인근 파라다이스 리조트 |
| 망원경 | 일본 다카하시 FSQ-106 |
| 적도의 | 일본 다카하시 EM-11 Temma2Jr. |
| 카메라 | 미국 SBIG ST-11000×M Class2(-30도 냉각) |
| 총 노출 | 180분 |

큰 구경의 망원경은 구경의 크기만큼 아스라한 별빛을 더 모아 우리를 좀 더 먼 곳으로 인도하는 우주선과도 같은 존재입니다. 별빛을 회절시킨 망원경의 부경 지지대인 스파이더의 존재가 그날카로움만큼이나 강렬합니다.

**IC59, IC63**

하늘은 습도가 높아 아산시에서 만들어진 빛 공해의 영향을 많이 받았다. 더욱이 가장 촬영 대상이 많은 이쪽 지역 역시 투명도가 좋지 않으면 성과물을 내기가 힘들다. 그 영향으로 사진에서 확연한 성운기 표현이 힘들었다. 아침저녁으로 찬바람이 불어 별보기의 성수기를 알리는 듯한 날이었다.

| | |
|---|---|
| 장소 | 2011년 9월 충청남도 아산시 송악면 호빔 천문대 |
| 망원경 | 한국 아스트로드림테크 Kastron Alpha-250CA |
| 적도의 | 한국 아스트로드림테크 MorningCalm 500GE |
| 카메라 | 미국 QSI 583WSG |
| 총 노출 | 140분 |

물병자리에 있는 초신성 잔해인 쌍가락지성운(NGC7293)은 모양새만큼이나 별의 일생에 대해 이야기해 주는 듯한 모습과 색감이 장관인 성운입니다. 중앙부에는 모체가 되는 별이 백색 왜성으로 남아 있으며 그 모습이 찬란하기까지 합니다. 하늘에 떠 있는 거대한 눈 같습니다. 지구에서 700광년 거리에 있습니다.

**NGC7293 쌍가락지성운**

오랜만의 출사였다. 기나긴 여름이 지나고 4개월 만에 기대를 하며 나섰으나 하늘이 따라 주지 않았다. 하지만 간간이 열린 하늘을 이용해 찍은 사진이다. 이날은 워낙 습기가 많아 고도가 낮고 예전에 찍었으나 만족할 만한 성과를 못 낸 대상을 골라 CFW-10을 처음 써 봤다. 두께가 얇은 대신에 코마 수차 보정이 덜 되어 주변의 별상이 고르지 못하다.

Equatorial RA: 22h 30m 24s Dec: -20°45′46

| | |
|---|---|
| 장소 | 2005년 9월 강원도 횡성군 덕초현 천문인 마을 나다 제1천문대 |
| 망원경 | HOBYM 292FN 자작 뉴턴식 반사 망원경 |
| 적도의 | 미국 아스트로피직스 1200GTO |
| 카메라 | 미국 SBIG ST-10XE + CFW-10(-15도) |
| 총 노출 | 120분 |

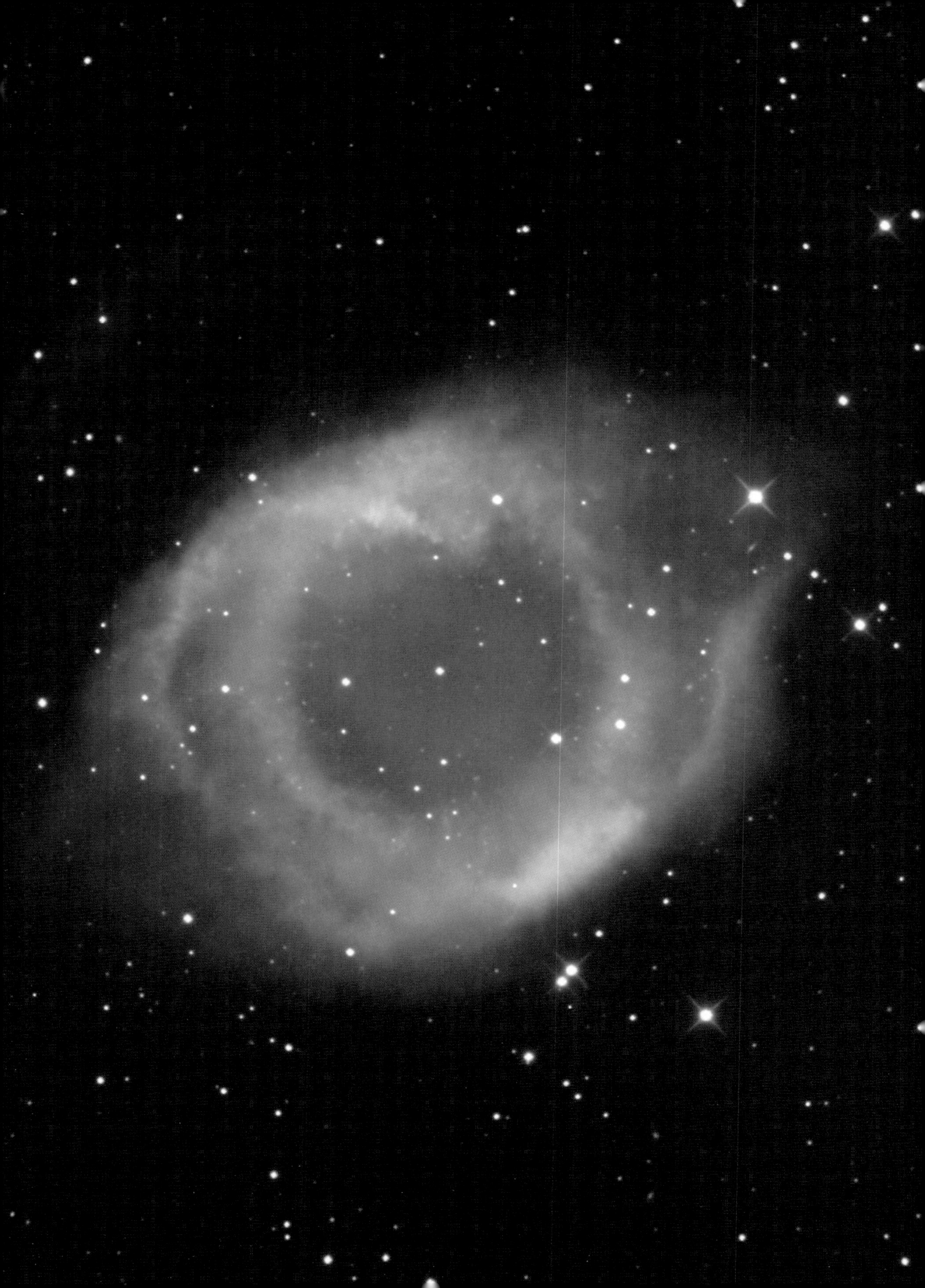

돗자리자리 초신성 잔해(Vela Supernova Remnant)로 남반구에서만 촬영이 가능한 대상입니다. 초신성 폭발이 일어난 지는 1만 1000년 정도 되었습니다. 지구에서는 약 820광년 거리에 위치합니다.

**돗자리자리의 초신성 잔해**

북반구 하늘의 베일성운과 탄생 배경이 같으며 규모 또한 대단히 크다. 좀 더 많은 노출을 필요로 하는 대상이다.

Equatorial RA: 08h 35m 20.66s Dec: -45°10′35″
장소 2006년 11월 오스트레일리아 아이반호
망원 렌즈 일본 캐논 FD300 F2.8→F3.5
적도의 일본 다카하시 EM-11 Temma2Jr.
카메라 미국 SBIG ST-10XE + CFW-8(-15도)
총 노출 100분

남반구에서만 관측 촬영 가능한 연필성운(NGC2736)은 돛자리자리에 위치한 초신성 잔해입니다. 거리는 815광년 떨어져 있습니다. 대구경 망원경으로 촬영하면 좀 더 자세한 모습의 푸른색과 초록색 성운 모습들을 확인할 수 있습니다.

**연필성운**

초신성 폭발 잔해의 일부이다. 상당히 어두워서 디테일을 살리기는 쉽지 않다. 더욱이 ST-10XE의 블루밍이 전 영역에 많아서 처리가 불만이다. 이날은 사막 쪽에서 바람이 불어 밤에도 반팔로 지새운 기억이다. 그런 이유로 시상이 불안정해서 별상이 형편없었다.
대구경으로 찍으면 좀 더 섬세하고 아스라한 가는 실선의 초록 또는 푸른 가스들이 보일 것이다.

Equatorial RA: 09h 00m 49s Dec: -46°00′39″
장소 2006년 11월 오스트레일리아 아이반호
망원경 일본 다카하시 FSQ-106
적도의 일본 다카하시 EM-11 Temma2Jr.
카메라 미국 SBIG ST-10XE + CFW-8(-5도)
총 노출 140분

에리다누스자리의 마녀머리성운은 반사 성운으로 지구에서 1000광년 떨어진 곳에 위치합니다. 오리온자리의 베타별이며 1등성인 리겔과 가까이 있으면서 리겔의 빛을 받아 반사를 하고 있는 성운입니다. 안시 관측이 불가능한 성운으로 매우 어두운데다 우리나라에서는 남중 고도가 낮아 아주 어두운 하늘에서 촬영 가능한 매력적인 겨울의 성운입니다.

**IC2118 마녀머리성운**

고도가 낮을 때부터 찍어서 그런지 노출 시간에 비해서는 불만족스러운 결과가 나왔다. 하지만 처음 찍은 마녀머리 성운이라서 그런지 애착이 간다. 호빔 천문대에서는 찍기 힘든 사진인 만큼 개인적으로 몽골 원정의 가치를 높여 줬다고 할 수 있다. 실제 색이 다양하게 나타나는 지역이다.

Equatorial RA: 05h 04m 51s Dec: -07°14′08″

장소 2010년 10월 몽골 준모드 인근

망원경 일본 다카하시 FSQ-106

적도의 일본 다카하시 EM-11 Temma2Jr.

카메라 미국 FLI-9000

총 노출 100분

쌍둥이자리의 이 행성상 성운은 메두사라는 별칭을 갖고 있습니다. 사진으로 촬영을 하면 마치 낚싯줄에 걸린 붕어가 수면 위로 튀어 오르는 것 같습니다. 어떤 중력 작용 때문인지는 모르지만 초신성 폭발 후 별을 구성했던 가스들이 비대칭으로 한쪽 방향으로만 퍼져 가는 것을 볼 수 있습니다. 성운 내부의 푸른 별은 항성 진화 마지막 단계의 백색 왜성으로 강한 자외선 복사를 받아 성운이 붉게 빛나고 있습니다.

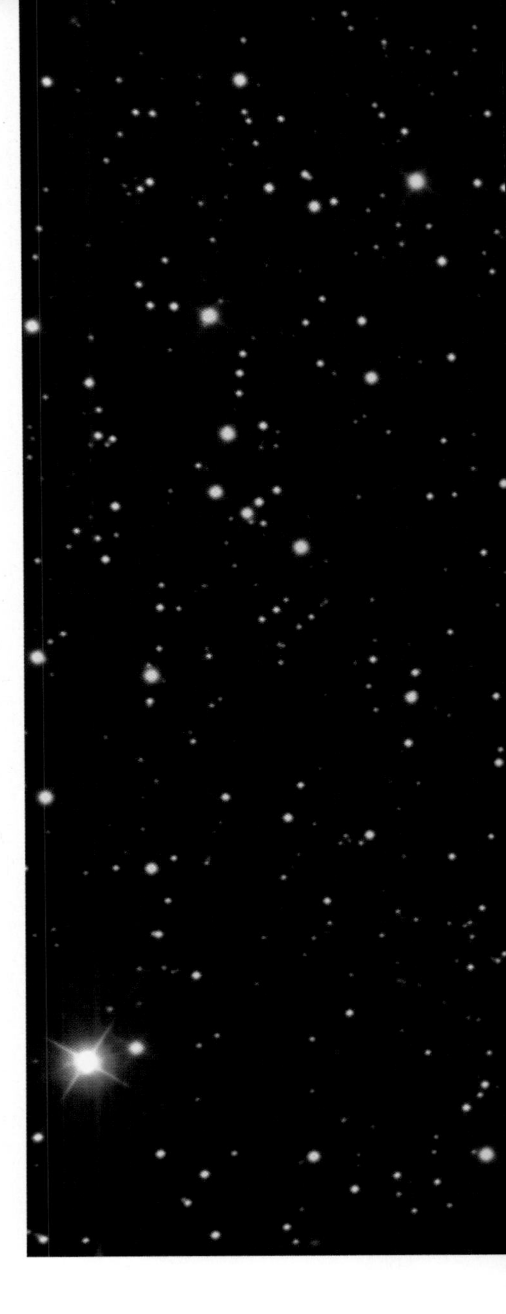

**메두사성운**

예전에 12인치로 찍었던 이미지를 색 보정에 이용했다. 성상은 마음에 들게 되었다. 미러도 스트레스가 덜한 것 같다. 점점 15인치의 양산이 가능해지고 있다.

Equatorial RA: 07h 29m 49s Dec: +13°12′46″
장소 2006년 2월 강원도 횡성군 덕초현 천문인 마을
망원경 HOBYM 292FN 자작 반사 망원경
적도의 미국 아스트로피직스 1200GTO
카메라 미국 SBIG ST-10XE + CFW10
총 노출 160분

사진의 두 성운은 성간 물질이 많고 실제로도 활발한 별의 탄생이 예고되는 지역입니다. 두 대상 사이에서 밀도 높은 암흑 성운이나 분자운이 많이 촬영됩니다. 지구에서 1000광년 거리에 위치합니다.

**NGC1333, IC348**

대상 자체의 세부 표현보다는 대상 주변의 성간 물질과 암흑 물질들의 표현에 중점을 두고 디지털 현상을 했다. 몽골의 깨끗한 하늘이기에 얻을 수 있는 사진과 표현이다. 몽골 촬영 여행 마지막 날에 찍은 사진이다.

Equatorial RA: 03h 30m 11s Dec: +31°27′50″
장소 2010년 10월 몽골 준모드 농장
망원경 일본 다카하시 FSQ-106
적도의 일본 다카하시 EM11 Temma2Jr.
카메라 미국 FLI PL-9000
총 노출 110분

NGC1333은 밀도 높은 성간 물질로 가득 차 있고 몇 지역은 실제로 별의 탄생이 예고되는 모양새를 보입니다. 사진에서 보면 알 수 있듯이 태어난 지 얼마 안 된 푸른빛의 어린 별과 핵융합을 하기 직전인 붉은 별들의 태초 모습도 보입니다. 우리가 사진 관측할 수 있는 대상 중에 별의 탄생이 가장 활발히 진행되는 곳이 아닐까 합니다. 대역폭이 좁은 필터를 이용하면 훨씬 분석적인 사진을 얻을 수 있을 것 같습니다. 무엇보다 유명하지 않은 것이 이상할 만큼 아름답습니다. 처음 촬영을 할 때는 배경과 성운이 구분이 안 되어 미묘한 밀도의 성운을 표현하는 데 애를 먹게 됩니다. 아마도 수천 년 또는 수억 년 내에 신성이 나타날지도 모를 일입니다.

**NGC1333**

디지털 현상을 하는 과정에서 이상하리만치 바탕이 검다는 것을 알게 되었고 그것을 표현하는 데 애를 먹었다. 천체 사진의 바탕에 신경을 많이 쓰게 된 계기가 된 사진이 아닐까 싶다.

| | |
|---|---|
| 장소 | 2006년 9월 강원도 횡성군 덕초현 천문인 마을 나다 제1천문대 |
| 망원경 | 한국 아스트로드림테크 Kastron 380DS 사진용 반사 망원경 |
| 적도의 | 미국 아스트로피직스 1200GTO |
| 카메라 | 미국 SBIG ST-10XE + CFW10 |
| 총 노출 | 90분 |

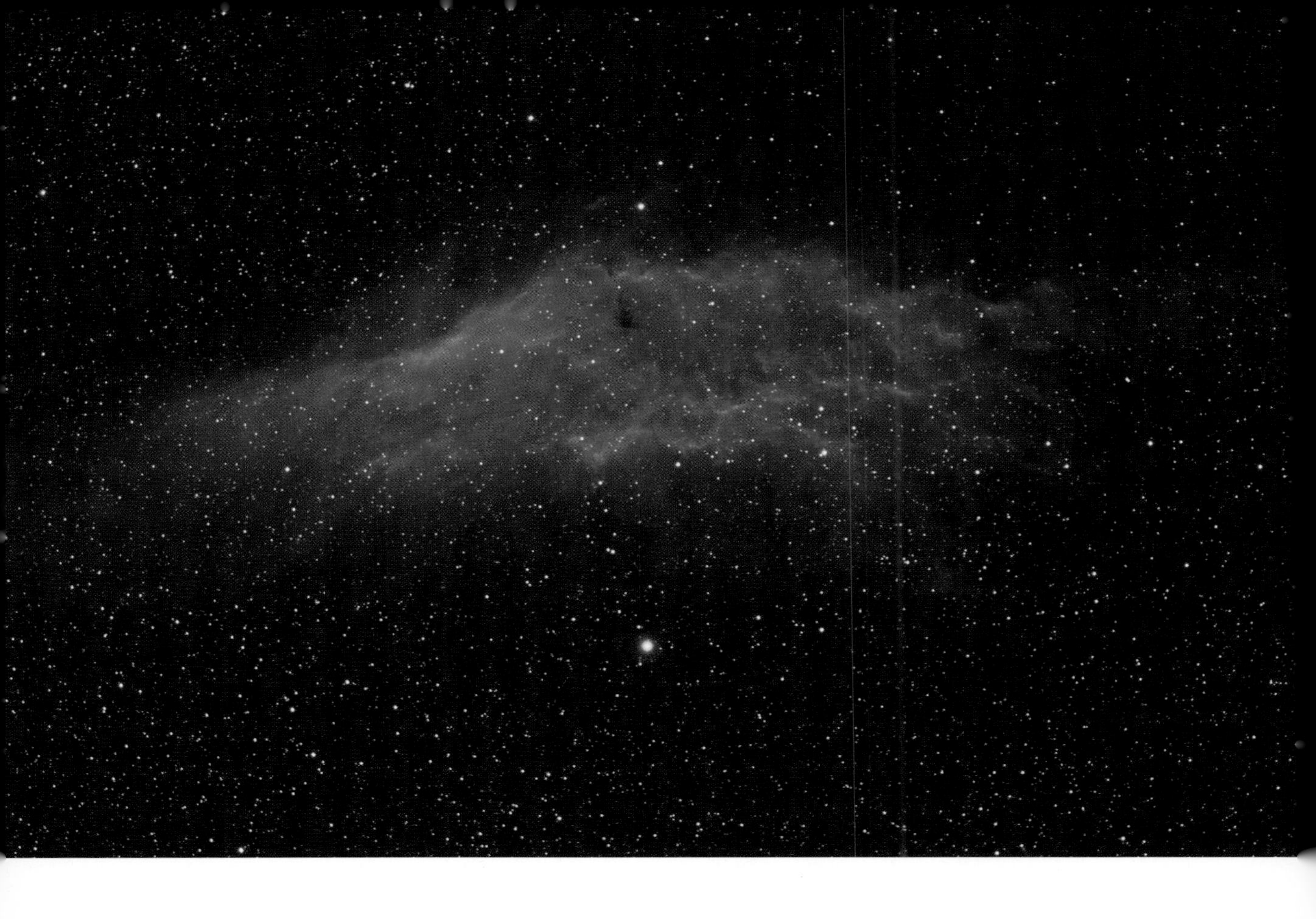

여름 별자리들이 서쪽으로 기울 무렵 가을의 별자리들이 빈자리를 채우기 시작합니다. 캘리포니아성운은 페르세우스자리의 발광 성운으로 미국의 지형과 비슷하게 생겼다고 해서 캘리포니아성운이라 명명했답니다. 정말로 밋밋하고 재미없게 생겼습니다. 중앙 밑부분의 푸른 별이 강렬합니다. 표면 온도가 적어도 수만 도 이상은 될 것입니다. 지구에서 1000광년 떨어진 곳에 있습니다.

**NGC1499 캘리포니아성운**

Hα 필터를 이용해 촬영한 사진으로 디지털 현상을 하는 것은 상당한 인내와 경험이 필요하다. 성능 좋은 4인치 색수차 없는 망원경이라도 별 색을 자세히 잡아내기는 쉽지 않다.

Equatorial RA: 04h 04m 10s Dec: +36°23′50″

| | |
|---|---|
| 장소 | 2008년 11월 충청남도 아산시 송악면 마곡리 호빔 천문대 |
| 망원경 | 일본 다카하시 FSQ 106ED |
| 적도의 | 일본 펜탁스 MS-5 |
| 카메라 | 미국 SBIG STL-11000(-40도 냉각) |
| 총 노출 | 200분 |

# 겨울 은하수 여행

불과 일주일 전에는 몽골의 밤하늘 아래 섭씨 -20도에서 겨울을 몸으로 체험하며 천체 사진을 찍고는 했는데 일본 후쿠오카로 오니 아침인데도 기온은 섭씨 26도를 오르내립니다. 요즈음 이상 기후는 마치 일상이 되어 버린 느낌입니다. 워낙 계절에 맞지 않는 기후를 겪다 보니 우리 모두가 무감각해져 가는 것이 사실입니다. 몽골의 자주 가는 캠프의 현지 관리인도 그러더군요. 요즈음은 여느 몽골의 겨울 같지 않다고요. 하지만 기후는 겨울 같지 않아도 밤하늘에는 겨울 별자리의 주인들이 어김없이 주인 행세를 하기 시작합니다.

사실 요즘 밤하늘은 온통 겨울 별자리의 화려함으로 채워집니다. 가을의 밤하늘에 비해 밝은 별들이 많아 화려한 겨울 별자리의 중심은 뭐니 뭐니 해도 오리온자리입니다. 겨울의 대삼각형을 찾아 밝은 별들을 헤아리다 보면 범상치 않은 오리온자리를 누구나 금방 찾을 수 있게 됩니다. 떡 하니 벌어진 어깨와 중간의 벨트, 그리고 고대 그리스 무사 복장의 치마, 사각형의 건장한 체구의 가운데에는 삼태성이 가지런하게 배열이 되어 눈에 뜨입니다. 좀 어두운 하늘이면 한껏 치켜 올린 왼팔을 찾을 수 있습니다. 오리온자리가 화려하게 보이는 것은 밝은 1등성과 2등성이 많은 이유도 있지만 오리온자리를 가득 채우고 있는 성운 성단들이 겨울 은하수의 아름다운 볼거리들을 제공하기 때문입니다.

그리스 로마 신화에 따르면 바다의 신 포세이돈의 아들인 오리온은 워낙 거인으로 바다에

몽골 촬영 여행

들어가도 어깨가 드러날 정도였습니다. 오리온은 여신 아르테미스의 사랑을 받았습니다. 그것을 탐탁지 않게 여긴 쌍둥이 오빠 아폴론은 전갈을 보내 오리온을 죽이려고 합니다. 오리온이 전갈을 피해 바다로 도망가자 아폴론은 아르테미스를 속여 오리온을 활로 쏘아 죽이게 합니다. 아르테미스 여신은 안타까워 하며 오리온을 별자리로 만듭니다. 사실 이 신화를 뒷받침하듯 여름의 대장 별자리 중 하나인 전갈자리가 서쪽 지평선으로 떨어지면 오리온자리는 동쪽 하늘에 모습을 나타냅니다. 그리고 반대로 오리온이 밤하늘에서 서쪽으로 사라질 무렵 전갈자리가 동쪽에 나타납니다.

온양 땅을 떠나 서울에서 둥지를 튼 사당동에서도 등화관제라도 하면 자취하던 5층 아파트 옥상에 올라가 밤하늘을 관측하고는 했습니다. 길지 않은 시간이지만 그때라도 밤하늘과 함께하고 싶어서였습니다. 당시 세운 상가에서 3000원에 산 싸구려 쌍안경과 자그마한 카세트 라디오에 카펜터즈의 카세트 테이프를 넣어서는 주섬주섬 챙겨 들고 아파트 옥상으로 뛰어 올라갔지요. 그곳에는 상상력 풍부한 소년을 순간적으로 우주 여행을 시켜 줄 별이 하늘 가득 있었습니다. 잔설이 녹지 않은 옥상 구석의 삭막한 겨울 풍경과 청량한 겨울 밤하늘은 추위에도 아랑곳하지 않고 밤하늘을 여행하는 소년에게는 이상하리만치 행복한 기억으로 남아 있습니다. 기억 속의 중심에는 항상 보아도 지겹지 않은 오리온자리가 있습니다. M42이라는 학술적 이름

이라든가 장미성운을 구성하는 성단이라든가 과학적이고 물리적 수치들은 중요하지 않습니다. 그저 우주와 우주를 동경하는 소년이 있을 뿐입니다.

오리온자리는 밤이 길어지는 늦가을부터 초봄까지 모든 별지기의 사랑을 받는 별자리입니다. 오리온자리에는 오리온 대성운, 말머리성운, 불꽃성운, 마녀머리성운 등이 있습니다. 맨눈으로도 여러 대상을 볼 수 있지만 여건이 되어 천체 망원경으로 볼 수 있으면 더 많은 대상과 별의 아름다움을 만끽할 수 있습니다. 메시에 목록 M42 대성운은 그중에서도 대단한 밝기와 아름다움으로 우리를 매료시킵니다. 오리온 대성운은 우리 은하에서 새로 탄생하는 별들이 찬란하게 빛을 내며 엄청난 에너지로 주변의 가스체를 빛나게 하는 그런 성운입니다. 별의 탄생과 죽음 중에 탄생에 해당되는 지역이라고 할 수 있습니다. 중심에는 스스로 핵융합 반응을 시작한 지 얼마 안 된 어린 별들이 여러 개 모여 있습니다. 갓 태어난 별이 내뿜는 엄청난 빛과 에너지는 주변의 가스들을 찬란히 빛나게 합니다.

또 하나의 아름다운 대상은 말머리성운입니다. 예전에 허블 망원경이 아주 자세히 잡아내 별이 태어나는 모습을 촬영한 곳이기도 합니다. 주변의 빛이 투과가 안 될 정도로 농도가 진한 암흑 성운으로 마치 말이 호수를 헤엄치는 모습처럼 보입니다. 말의 머리와 너무도 흡사한 모습에 감탄이 절로 나옵니다. 물론 어두운 성운이므로 눈으로 볼 수는 없답니다. 하지만 사진을 통해 접할 수 있는 이 성운의 모습은 조물주의 존재에 대해 생각하게 할 정도입니다. 우리의 밤하늘에 있는 수많은 대상 중에 가장 화려한 대상을 둘 이상 갖고 있는 오리온자리는 그래서 겨울의 대장 별자리입니다. 오늘 혹시 날이 맑다면 찬 기운을 이겨 낼 복장을 하고 저 남쪽 밤하늘을 바라보세요. 갑자기 오리온이 말을 걸어올지도 모릅니다.

**오리온자리**

성능 좋은 빠른 렌즈와 노이즈 억제 능력이 좋은 일안 레프 디지털 카메라는 천체 사진의 영역을 한 단계 넓혀 준다. 전문적인 지식이나 대형 적도의가 없어도 훌륭한 사진을 촬영할 수 있으니까 말이다. 남은 한 가지 조건은 얼마나 빛 공해가 없고 좋은 하늘인가이다. 어두운 하늘이면 감도 2000 정도에 10분씩 8장 정도 촬영해 디지털 현상을 하면 꽤 좋은 사진을 얻을 수 있을 것이다.

| | |
|---|---|
| **장소** | 2009년 1월 충청남도 아산시 송악면 마곡리 호빔 천문대 |
| **망원 렌즈** | 일본 캐논 EF200밀리미터 F1.8 @ 2.5전면부 자작 조리개 |
| **적도의** | 일본 다카하시 EM200 Temma PC |
| **카메라** | 일본 캐논 5D MarkII |
| **총 노출** | 12분 |

겨울 하늘의 대장 오리온자리는 삼태성을 중심으로 겨울 내내 화려함을 뽐냅니다. 울트라맨의 고향 M78부터 유명한 말머리성운, 그리고 오리온 대성운까지 망원경과 카메라를 겨눌 곳은 차고 넘칩니다. 겨울 은하수의 중심 지역인 만큼 메시에 목록을 비롯 NGC, IC 같은 목록에 등재된 대상들이 수없이 있으며 쌍안경으로 관측할 수 있는 것도 다수 있습니다.

**말머리성운과 오리온 대성운**

하늘이 투명하고 좋은 날이었다. 초점 거리 200밀리미터급 망원 렌즈와 APS 사이즈의 카메라만 있다면 천체 사진을 좋아하는 사람이면 누구나 설레게 하는 대상인 말머리성운과 오리온 대성운을 한 시야에 넣고 촬영할 수 있다. 아산 인근의 빛 공해와 하늘의 상태가 아쉽기만 하다.

| | |
|---|---|
| Equatorial | RA: 05h 35m 59s Dec: -05°23′12″(M42) |
| 장소 | 2008년 12월 충청남도 아산시 송악면 마곡리 호빔 천문대 |
| 망원 렌즈 | 일본 캐논 EF200밀리미터 F1.8 @ 2.5전면부 자작 조리개 |
| 적도의 | 일본 다카하시 EM11 Temma2jr. |
| 카메라 | 한국 Central DS Astro 350D |
| 총 노출 | 120분 |

**M42 오리온 대성운**

겨울이 올 때마다 겨누는 오리온자리의 밝은 대상이다. 늘 안시 관측을 하면 가장 먼저 겨누고는 한다. 3일에 걸쳐서 촬영한 사진이다. 중심부의 사진은 미카게 14인치의 사진을 활용했다. 열쇠고리성운 주변으로도 좀 더 많은 디테일과 계조를 얻어 내려면 하늘 상태를 감안할 때 좀 더 긴 노출을 줘야 될 것 같다.

| | |
|---|---|
| 장소 | 2008년 11월 충청남도 아산시 송악면 마곡리 호빔 천문대 |
| 망원 렌즈 | 일본 다카하시 FSQ 106ED |
| 적도의 | 일본 펜탁스 MS-5 |
| 카메라 | 미국 SBIG STL-11000(-40도 냉각) |
| 총 노출 | 360분 |

**M42 오리온 대성운**

빠른 광학계와 대구경, 그리고 냉각 CCD 카메라의 성능은 천체 사진에서 빼 놓을 수 없는 요소들이다. 오랜만의 촬영에 디지털 현상 작업 또한 오랜만이라서 그런지 예전의 실력이 나오지를 않는다. 사용 모니터의 색 계조 조정부터 다시 해야 할 상황이다.

| | |
|---|---|
| 장소 | 2013년 11월 충청남도 아산시 송악면 호빔 천문대 |
| 망원경 | 한국 아스트로드림테크 Kastron Alpha-250CA |
| 적도의 | 한국 아스트로드림테크 MorningCalm 300GE |
| 카메라 | 미국 SBIG STL-11000(-15도 냉각) |
| 총 노출 | 140분 |

### NGC7023 붓꽃성운

촬영 대상 주변으로 퍼져 있는 분자운들을 표현하는 데 초점을 맞추어 봤다. 북쪽 은하수 속의 대상이라서 각양각색의 별들이 많이 보인다. 자연스러운 별 색을 찾는 것이 디지털 현상에서 쉬운 일은 아닌 듯하다.

| | |
|---|---|
| 장소 | 2010년 10월 몽골 준모드 농장 |
| 망원경 | 일본 다카하시 FSQ-106 |
| 적도의 | 일본 다카하시 EM11 Temma2Jr. |
| 카메라 | 미국 FLI PL-9000 |
| 총 노출 | 140분 |

**NGC7023 붓꽃성운**

지난번에 이어 다시 찍어 보았다. 이번 역시 접안부 처짐 문제와 초점이 아쉬운 사진이 되었지만 예전 사진에 비해 노출 시간이 길어 그런지 디테일과 농담이 자연스럽고 초점 거리와 구경이 길어 조금은 더 자세히 보인다.

| | |
|---|---|
| 장소 | 2011년 6월 몽골 준모드 농장 |
| 망원경 | 일본 펜탁스 125SDHF |
| 적도의 | 한국 아스트로드림테크 MorningCalm 300GE |
| 카메라 | 미국 FLI PL-9000 |
| 총 노출 | 150분 |

세페우스자리의 이 성운은 꽃의 한 종류인 붓꽃을 닮았다고 해서 붓꽃성운(Iris Nebula)이라고도 합니다. 원래 주변의 빛을 흡수하는 밀도 높은 성운이었을 것인데 젊고 밝은 별 때문에 그 빛을 받아 푸른색으로 빛납니다. 겨울 은하수에 속한 지역이라서 관측이나 촬영을 하면 수많은 별들과 그 다양한 색감의 아름다움에 감탄을 하게 됩니다. 세페우스자리 역시 수많은 성운들과 성단들로 마치 보석을 흩뿌려 놓은 듯합니다. 아이리스성운의 중심별은 안시 관측을 통해서도 주변시로 푸르스름한 성운기를 느낄 수 있습니다. 아이리스성운은 이곳에서 1300광년 떨어져 있습니다.

**NGC7023 붓꽃성운**

컬러 CCD 카메라와 프라임 포커서 타입의 이동형 사진용 반사 망원경을 이용해 촬영한 사진이다. 그 세팅의 효율과 성능의 덕을 보았다. 복잡한 이미지 처리와 광축 조정, 그리고 사경이 빼앗아가는 광량과 정밀도 등 여러 가지 면에서 16인치급 대구경 프라임 포커서 망원경에 대한 제작 욕구가 일었다.

| | |
|---|---|
| 장소 | 2011년 6월 몽골 준모드 농장 |
| 망원경 | 한국 아스트로드림테크 Kastron Alpha-250CAT |
| 적도의 | 한국 아스트로드림테크 MorningCalm 300GE |
| 카메라 | 중국 QHY10 |
| 총 노출 | 60분 |

오리온자리에 있는 NGC1788은 크기가 8분 정도인 아주 작은 반사 성운으로 지구에서 약 1300광년 떨어져 있습니다. 주변 밝은 별의 배치라든지 성운의 모양새가 아름답습니다. 젊은 별의 푸른색과 늙은 별의 주황색 또는 붉은색의 조화가 상당히 아름답게 느껴집니다.

**NGC1788**

주변의 퍼져 있는 어두운 성운기를 생각하면 노출을 더 줬어야 했는데 그렇지 못한 것이 아쉽다. 이 이미지 역시 다크와 플랫 처리를 하지 않고 소프트웨어의 기능적인 부분에 의지해서 처리했다. 아마도 다크와 플랫 처리를 하면 디테일이 더 좋아지지 않을까 한다. 처리하다가 보니 초점이 약간 맞지 않은 점이 아쉬움으로 남는다.

Equatorial RA: 05h 07m 36s Dec: -03°19′39″

장소 2005년 12월 강원도 횡성군 덕초현 천문인 마을 나다 제1천문대

망원경 한국 아스트로드림테크 Kastron 380DS 사진용 반사 망원경

적도의 미국 아스트로피직스 1200GTO

카메라 미국 SBIG ST-10XE(-50도) + CFW10

총 노출 105분

작은여우자리의 아령성운(Dumbbell Nebula)은 행성상 성운입니다. 별이 그 삶의 마지막 순간에 폭발하며 뿜어낸 잔해로 이루어져 있습니다. 아령성운은 언젠가 후배 유준규군이 만든 8인치 쌍안경으로 관측한 기억을 잊을 수가 없습니다. 은하수 중심부의 수많은 별들 사이에서 떠오르듯 광시야 아이피스 너머로 보이는 모습은 정말로 감동이었습니다. 1970년 과학자들은 이 행성상 성운의 팽창 속도가 초속 31킬로미터라는 것을 발견했습니다. 이것을 바탕으로 계산해 보면 이 행성상 성운의 나이가 대략 9800년임을 알 수 있습니다. 지구에서 거리는 1360광년입니다.

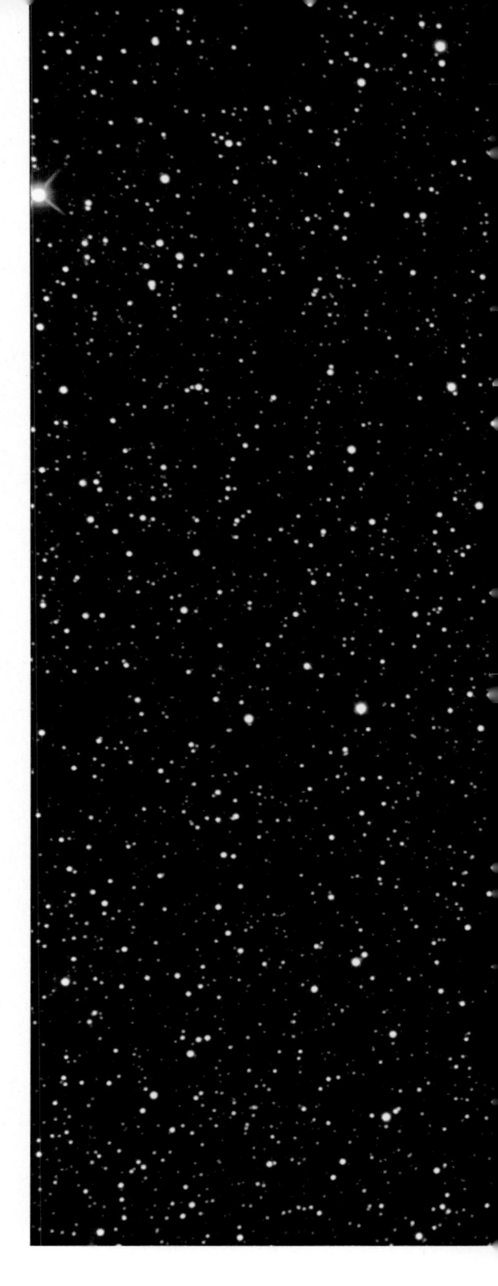

**M27 아령성운**

두 번에 걸쳐 찍은 사진을 모두 이용해 보았다. 역시 노출 시간이 많은 것은 디테일을 표현하는 데 도움이 많이 된다. 지금까지 찍은 M27의 사진 중에서는 개인적으로 가장 맘에 드는 사진이다. 하지만 하늘 상태가 시상은 좋았으나 박무가 끼어 있어 아쉬움이 남는다. 좋은 날에 다시 촬영해 보고 싶은 대상이다.

Equatorial RA: 20h 00m 13s Dec: +22°45′35″

| | |
|---|---|
| 장소 | 2005년 5월 강원도 횡성군 덕초현 천문인 마을 나다 제1천문대 |
| 망원경 | HOBYM 292FN 자작 12인치 사진용 반사 망원경 |
| 적도의 | 미국 아스트로피직스 1200GTO |
| 카메라 | 미국 SBIG ST-10XE(-20도) + CFW10 |
| 총 노출 | 140분 |

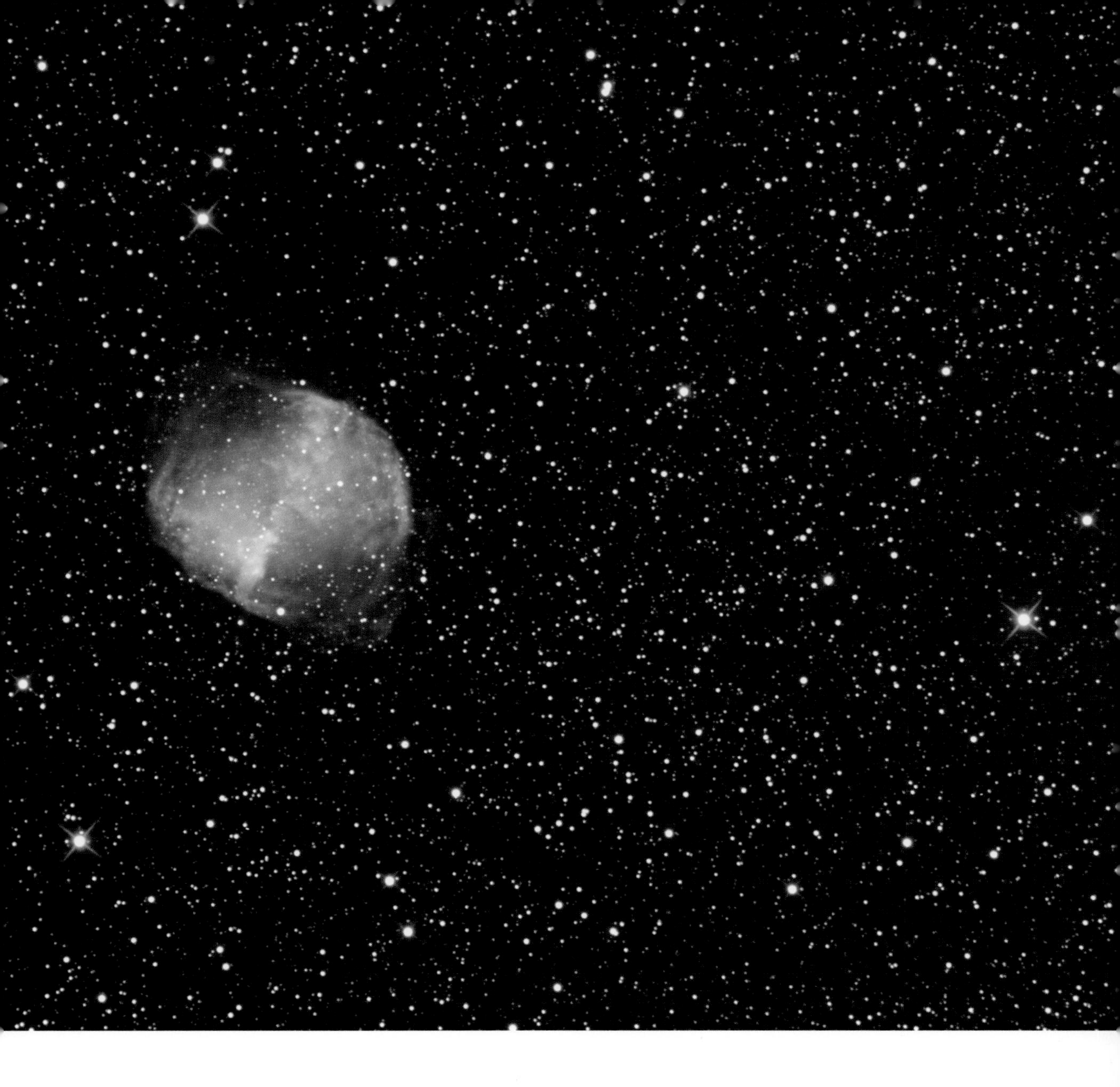

밤하늘의 배경은 검은색이 아닙니다. 그만큼 우주는 무엇인가로 가득 차 있습니다. 밀도가 높고 낮고는 크게 문제가 되지 않습니다. 이 유령성운은 젊고 밝은 1등성의 푸른 별의 빛을 반사해 빛을 내는 반사 성운입니다. 달걀귀신이 연상되는 형태입니다. 별로 화려하지 않고 존재감은 없지만 우리 은하의 멋진 구성원 중 하나입니다. 호빔 천문대에서 1400광년 떨어져 있습니다.

**◀ VDB152 유령성운**

이 대상의 주변으로는 분자운들이 많다. 이번 몽골 여행에서는 주로 LRGB로 승부를 낼 수 있는 대상을 찍고 별들이 자연스레 많이 찍히게 하는 데 중점을 두었다. 이 대상 역시 배경의 어두운 부분을 살려내는 데 역점을 두어 별이 많이 부은 듯 표현되었다.

Equatorial RA: 22h 13m 25s Dec: +70°15′05″

| | |
|---|---|
| 장소 | 2010년 10월 몽골 준모드 농장 |
| 망원경 | 일본 다카하시 FSQ-106 |
| 적도의 | 일본 다카하시 EM11 Temma2Jr. |
| 카메라 | 미국 FLI PL-9000 |
| 총 노출 | 80분 |

**▲ VDB152 유령성운**

매력적이기에 장초점으로 촬영하고 싶었던 대상이었다. 애정과 의욕이 있었던 만큼 많은 노출을 주고 싶었으나 반 정도는 이슬로 쓸모가 없어지고 RGB의 각 색 채널은 겨우 한 장씩밖에는 찍지를 못해서 색상이 약간 불만스럽게 처리되었다. 무엇보다 미국의 ED Stevens의 F3.9 미러를 장착한 후 경량화한 15인치에 메인 미러의 측면 지지 방식을 변경한 세팅을 해서 결과가 어떨까 걱정했지만 다행히 성공적이었다.

| | |
|---|---|
| 장소 | 2007년 9월 강원도 횡성군 덕초현 천문인 마을 나다 제1천문대 |
| 망원경 | 한국 아스트로드림테크 Kastron 380DS 사진용 반사 망원경 |
| 적도의 | 미국 아스트로피직스 1200GTO |
| 카메라 | 미국 SBIG ST-10XE + CFW10 |
| 총 노출 | 90분 |

겨울 오리온자리를 대표하는 말머리성운은 1500광년 떨어져 있습니다. 암흑 물질의 밀도가 높아 주변의 빛을 흡수하는 암흑 성운입니다. 모양이 마치 호수를 헤엄쳐 가는 말과 같아 붙은 이름으로 주변에는 많은 종류의 반사 성운, 분자운 등이 있습니다. 그중 유명한 것은 말머리 바로 옆에 있는 불꽃성운입니다. 안시 관측으로 본 사람들이 있다고는 하나 저는 몇 번의 시도에도 불구하고 관측하지 못했습니다.

**IC434 말머리성운**

우리가 묵던 몽골의 준모드는 북위 48도 부근이다. 그런 이유로 남쪽의 낮은 대상은 찍기가 쉽지 않았다. 가장 큰 문제는 8킬로그램에 육박하는 카메라가 그 강성 있는 FSQ의 접안부를 약간 휘게 했다는 것이었다. 고도가 높은 곳을 촬영할 때는 그 영향이 미미했으나 남쪽 대상들을 찍을 때에는 그 영향이 뚜렷해졌다. 짧은 노출에도 불구하고 상대적으로 충분한 노출 효과를 얻은 것은 광자 효율이 높고 노이즈가 적은 CCD 카메라 덕이었다. 이날은 좀 바람이 불었다. 5명의 일행은 한국으로 예정대로 돌아가고 3일을 더 남아 촬영한 사진이다.

Equatorial RA: 05h 41m 43s Dec: -02°26′33″

| | |
|---|---|
| 장소 | 2010년 10월 몽골 준모드 농장 |
| 망원경 | 일본 다카하시 FSQ-106 |
| 적도의 | 일본 다카하시 EM11 Temma2Jr. |
| 카메라 | 미국 FLI PL-9000 |
| 총 노출 | 115분 |

**▲ 말머리성운**

말머리성운과 그 식구들이다. $H\alpha$ 필터로 촬영한 사진의 디테일과 샤프함, 그리고 작은 별 상에는 못 미치지만 $H\alpha$ 필터로는 찍히지 않는 영역이 보이는 것이 자연스러워 나름대로 매력이 있다. 영원히 겨울에 찍을 수밖에 없는 아름다운 이 지역의 성운들을 찍고 처리하노라면 그 옛날 첫 사랑의 손을 잡을 때처럼 가슴이 두근두근거린다. 사실 이 지역의 사진을 협대역 필터를 쓰지 않고 별 색을 살려가며 촬영한 것은 이 사진이 처음이다.

장소 2008년 11월 충청남도 아산시 송악면 마곡리 호빔 천문대
망원 렌즈 일본 펜탁스 125SDHF
적도의 일본 펜탁스 MS-5
카메라 중국 QHY8
총 노출 280분

**▶ 말머리성운**

빛 공해가 많은 호빔 천문대의 하늘의 상태를 감안하면 단위 노출을 더 줘야 하는 상황이다. 또한 길가라서 차가 간간히 지나가는데 투명도가 안 좋은 날에는 어김없이 사진을 망치는 일이 있다. 노이즈를 줄이기 위해 처리를 이렇게 저렇게 해 보지만 만족스럽지는 않다. 점점 밝아져 가는 아산의 하늘에 아쉬움이 커지는 밤이다.

장소 2010년 1월 충청남도 아산시 송악면 호빔 천문대
망원경 한국 아스트로드림테크 Kastron Alpha-250CA
적도의 한국 아스트로드림테크 MorningCalm 700GE
카메라 미국 QSI 583WSG(-40도 냉각)
총 노출 130분

마차부자리에 위치한 발광 반사 성운인 불꽃별성운(IC405)과 발광 성운인 올챙이성운(IC410)입니다. 두 성운은 지구에서 각각 1500광년과 2400광년 거리에 위치합니다.

마차부자리에 있는 불꽃별성운 IC405는 붉은색의 발광 영역과 검은 먼지 띠가 어울려져 마치 활활 타오르는 화염처럼 인상적입니다. 이러한 화려한 모습 때문에 IC405를 불꽃별성운으로 부릅니다. 푸른색 부분은 먼지로 구성된 반사 성운입니다.

**▲ IC405**

밝고 젊은 푸른색 별의 기운을 받은 성운기를 어떻게 잘 표현하는가에 역점을 두고 디지털 현상을 했다.

| | |
|---|---|
| 장소 | 2004년 12월 강원도 횡성군 덕초현 천문인 마을 |
| 망원경 | 일본 다카하시 입실론160 사진용 반사 망원경 |
| 적도의 | 일본 다카하시 EM200 TemmaPC Jr. |
| 카메라 | 미국 SBIG ST-10XE(-38도 냉각) + CFW8 |
| 총 노출 | 100분 |

**▶ IC405, IC410**

부족한 노출 시간으로 인해 아름다운 지역의 표현이 부족하다. 협대역 필터를 이용한 촬영은 별의 색감으로 살리거나 하는 것을 포기해야 하는 단점이 있다. 하지만 다른 눈을 가지고 보는 우주의 맛에 빠져 들게 한다. 왼쪽에 있는 게 IC405, 오른쪽에 있는 게 IC410이다.

Equatorial RA: 05h 17m 26s Dec: +34°22′12″(IC405)
Equatorial RA: 05h 23m 41s Dec: +33°25′25″(IC410)

| | |
|---|---|
| 장소 | 2009년 10월 충청남도 아산시 송악면 호빔 천문대 |
| 망원경 | 일본 펜탁스 125SDHF |
| 적도의 | 일본 펜탁스 MS-4 |
| 카메라 | 미국 FLI PL-9000 + CFW5-7 |
| 총 노출 | 100분 |

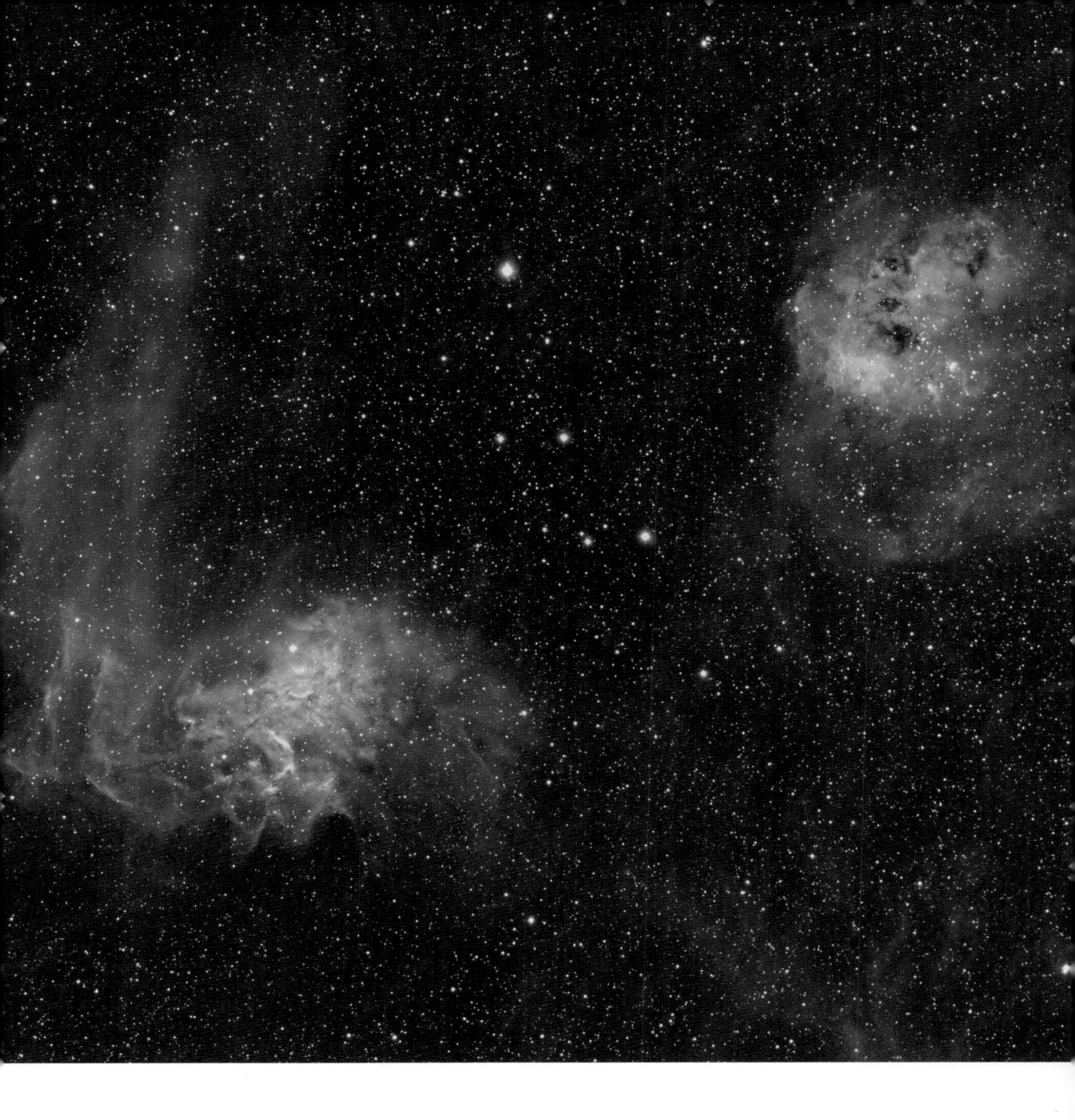

오리온자리의 방패 부근에 있는 M78 성운은 지구에서 1600광년 떨어진 곳에 있습니다. 메시에 78(M78, NGC 2068, Ced 55u)은 오리온자리에 있는 반사 성운입니다. 1780년 피에르 메생이 발견했고 같은 해 샤를 메시에의 혜성형 천체 목록에 포함되었습니다. 1919년에는 로웰 천문대의 베스토 슬라이퍼가 반사 성운임을 밝혔습니다. 밀도가 높아 신성에 의한 새로운 성운이 발견되기도 하는 곳입니다. 이 성운을 모태로 태어난 밝은 별들은 자신을 있게 해 준 암흑 물질들을 비추어 찬란한 곳으로 만들어 줍니다. 안시 관측의 재미를 볼 수 없는 성운이지만 어두운 곳에서 그 암흑 물질의 탁한 느낌과 푸르스름한 뿌연 성운을 역시 주변시로 관측할 수 있습니다.

**M78**

요즈음은 날이 좋다가도 밤이 되면 결국 안개가 끼거나 투명도가 급격히 떨어진다. M78은 만족스럽게 찍어 보지 못한 대상이다. 하지만 이번에도 역시나 낮은 투명도 때문에 좋은 사진은 되지 못했다. 이미지 처리하려 한 장 한 장 살펴보니 안개 때문에 버릴 것이 반 가까이 되고 나머지는 그나마 바탕이 거칠다. F수가 빠른 망원경이라서 정보량이 많은 것이 다행이라면 다행이다.

Equatorial RA: 05h 47m 30s Dec: +00°04′11″

| | |
|---|---|
| 장소 | 2009년 11월 충청남도 아산시 송악면 호빔 천문대 |
| 망원경 | 한국 아스트로드림테크 Kastron Alpha-250CA |
| 적도의 | 일본 다카하시 EM500 Type II |
| 카메라 | 미국 QSI 583WSG(-30도 냉각) |
| 총 노출 | 110분 |

백조자리에 있는 은하계 내 성운인 NGC6960 및 6992-5입니다. 무수한 가는 섬유가 교차된 것 같아 망상 또는 베일 성운이라고도 합니다. 지구에서 약 1500광년 떨어진 곳에 있습니다. 이 일군의 성운은 한 원호상(圓弧上)에 있고 대부분의 초신성 잔해 성운과 마찬가지로 바깥쪽으로 팽창 운동을 합니다. 이런 사실에서 망상 성운은 일찍이 폭발된 초신성이 분출한 가스의 전선이 주위의 성간운과의 충돌로 자극되어 발광하고 있는 것으로 추측되고 있습니다. 안시 관측에서는 O3 필터를 사용해 대구경 돕소니언(존 돕슨이 고안한 경위대식 가대를 장착한 망원경)으로 보면 한 올 한 올 면사포의 모습을 관측할 수 있는 대상입니다. 수많은 별들과, 그리고 초신성 잔해의 모습은 우리 은하의 역동성 그 자체입니다. 사진은 협대역 필터를 사용해 특수하게 처리한 사진으로 일반적인 별의 색감과 성운의 색감에 있어 차이가 있습니다.

**베일성운**

한국에서 단 한번도 본격적으로 촬영해 본적이 없는 대상이다. 첫날 느꼈던 하늘에 대한 감동은 잊을 수가 없다. 작은 별들이 8~9마이크론으로 초점을 맺었다. 습도는 거의 없고 시상 또한 훌륭했다. 호빔 천문대가 안 좋은 조건이기에 더욱 몽골의 하늘에 대한 감동이 남달랐다. 몽골에서 촬영한 사진 중 유일한 협대역 필터의 사진이다.

Equatorial RA: 20h 46m 17s Dec: +30°46′02″

| | |
|---|---|
| 장소 | 2010년 10월 몽골 준모드 농장 |
| 망원경 | 일본 다카하시 FSQ-106 |
| 적도의 | 일본 다카하시 EM11 Temma2Jr. |
| 카메라 | 미국 FLI PL-9000 |
| 총 노출 | 170분 |

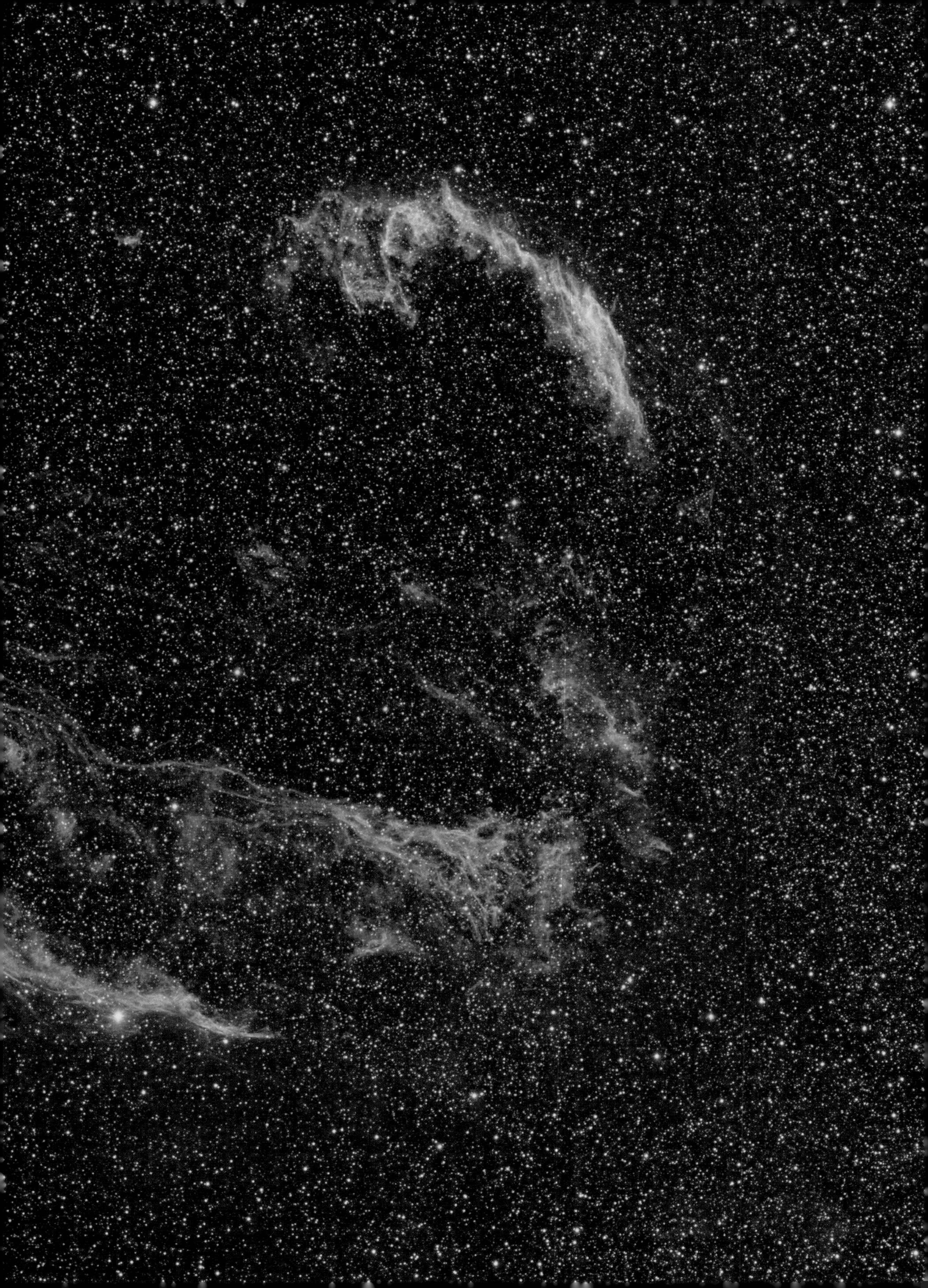

**NGC 6992/95 동베일 성운**

시상이 썩 좋지 않았음에도 불구하고 FWHM이 1.3~1.5까지 떨어졌다. 달이 지기를 기다려 2시경부터 촬영에 들어갔다. FSQ-106ED는 작은 크기이면서도 고성능의 망원경이다. 라지 포맷 CCD 카메라를 써 보고 싶은 욕구가 생긴다.

| | |
|---|---|
| 장소 | 2008년 5월 충청남도 아산시 송악면 호빔 천문대 |
| 망원경 | 일본 다카하시 FSQ-106ED |
| 적도의 | 일본 펜탁스 MS-5 |
| 카메라 | 미국 SBIG ST-10XE(-20도) + CFW-10 |
| 총 노출 | 130분 |

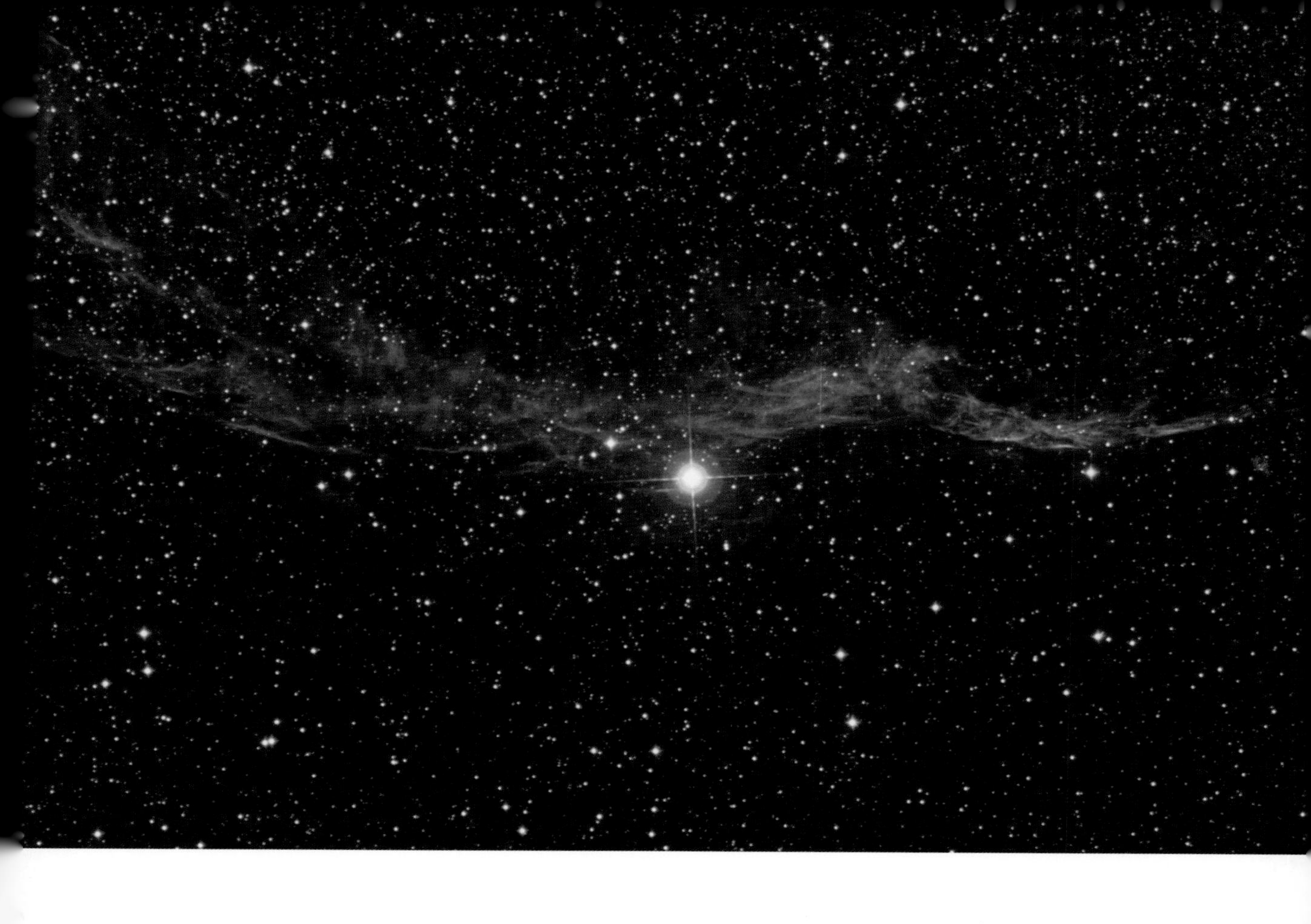

**NGC 6992/95 서베일 성운**

논 가운데의 호빔 천문대에서는 해발 고도가 낮고 논에 물대기가 시작되어서인지 초저녁부터 습기로 좋지 않다가 새벽 2시경부터 투명도와 시상이 좋았다. 투자한 시간만큼 사진의 질이 나오지 않은 것은 초저녁 초점을 믿고 계속 촬영한 이유로 온도가 떨어짐에 따라 초점이 변했기 때문이다. 빠른 F수와 장노출이 대안일 줄 알았는데 결국 초점이 장애가 되었다.

| | |
|---|---|
| 장소 | 2010년 5월 충청남도 아산시 송악면 호빔 천문대 |
| 망원경 | 한국 아스트로드림테크 Kastron Alpha-250CA |
| 적도의 | 한국 아스트로드림테크 MorningCalm 500GE |
| 카메라 | 미국 QSI 583WSG(-20도) |
| 총 노출 | 130분 |

백조자리의 가슴쯤에 위치한 감마별 주변의 성운들을 사진에 담아 보았습니다. 여름철 은하수의 일부분으로 북반구의 하늘에서 아름다운 대상을 가장 많이 품고 있는 곳입니다. 주변으로 많은 암흑 성운과 반사 성운, 행성상 성운 등이 있습니다. 지구에서 약 1800광년 거리에 위치합니다. 사진에 가장 밝게 나온 별이 백조자리 감마별입니다.

**IC1318**

늘 Hα 필터로 촬영했기에 이번에는 디지털 현상 시 좀 더 자연스러운 색조의 색을 발현하기 위해 여러 가지를 고려해 촬영에 임했다. 정보량이 부족하기는 하지만 자연스러운 성운과 별 색이 표현되었다.

Equatorial RA: 20h 22m 43s Dec: +40°18′01″

장소 2010년 10월 몽골 준모드 농장

망원경 일본 다카하시 FSQ-106

적도의 일본 다카하시 EM11 Temma2Jr.

카메라 미국 FLI PL-9000

총 노출 74분

큰곰자리에 있는 M97 올빼미성운은 초신성 폭발 후의 별의 잔해이며 중심에 백색 왜성을 갖고 있습니다. 초신성 폭발이 일어난 지는 8000년이 되었으며 지구에서 2030광년 거리에 있습니다. 어두운 하늘에서 8인치급의 반사 망원경으로 안시 관측이 가능한 매력적인 대상입니다.

**M97 올빼미성운**

어두운 배경과 대비되는 모습으로 12인치급 빠른 망원경의 효율로 노출 시간에 비해 촬영과 현상이 잘 되었다.

Equatorial 11h 15m 39s Dec: +54°56′26″

장소 2005년 4월 강원도 횡성군 덕초현 천문인 마을 나다 제1천문대

망원경 HOBYM 292FN 자작 12인치 사진용 반사 망원경

적도의 미국 아스트로피직스 1200GTO

카메라 미국 SBIG ST-10XE(-30도) + CFW8a

총 노출 48분

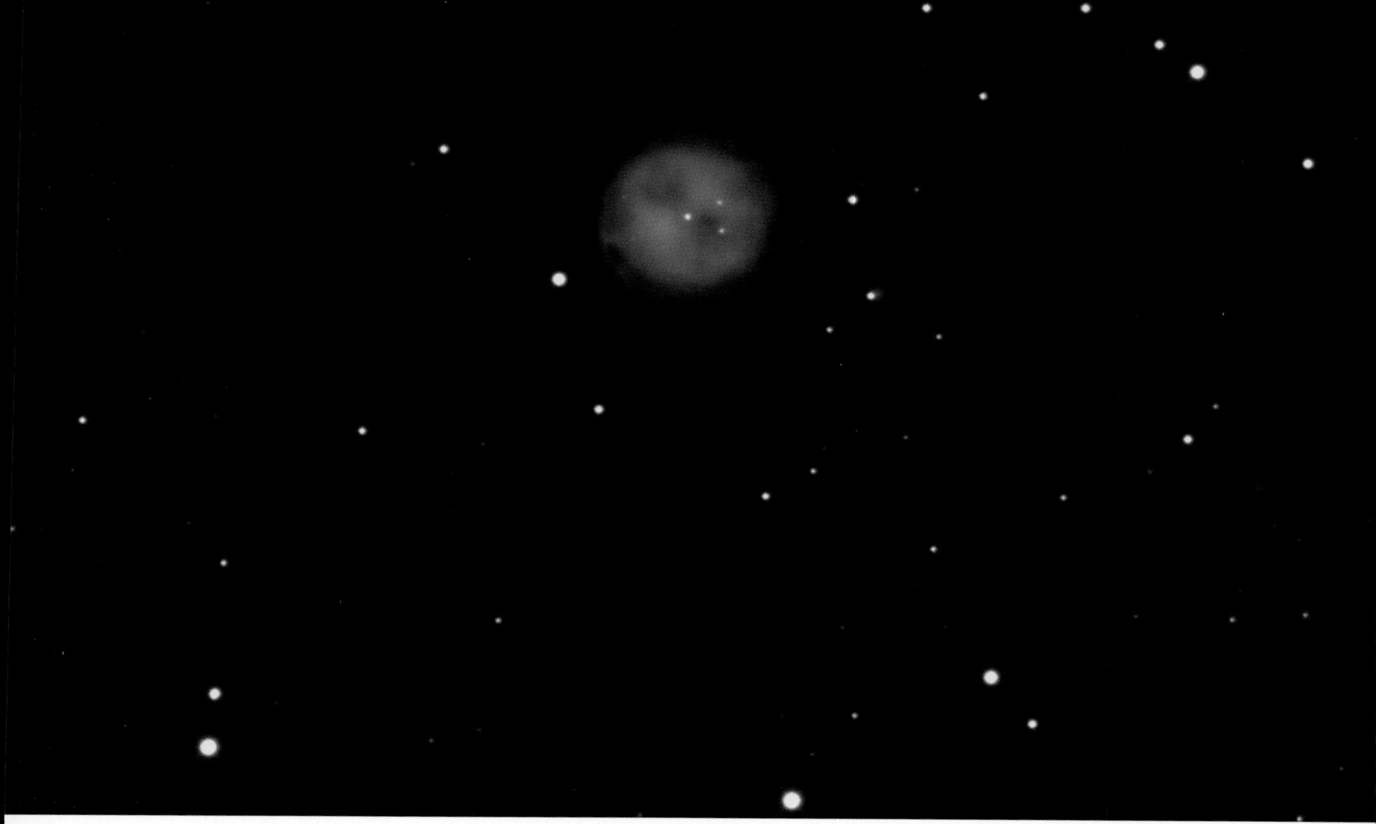

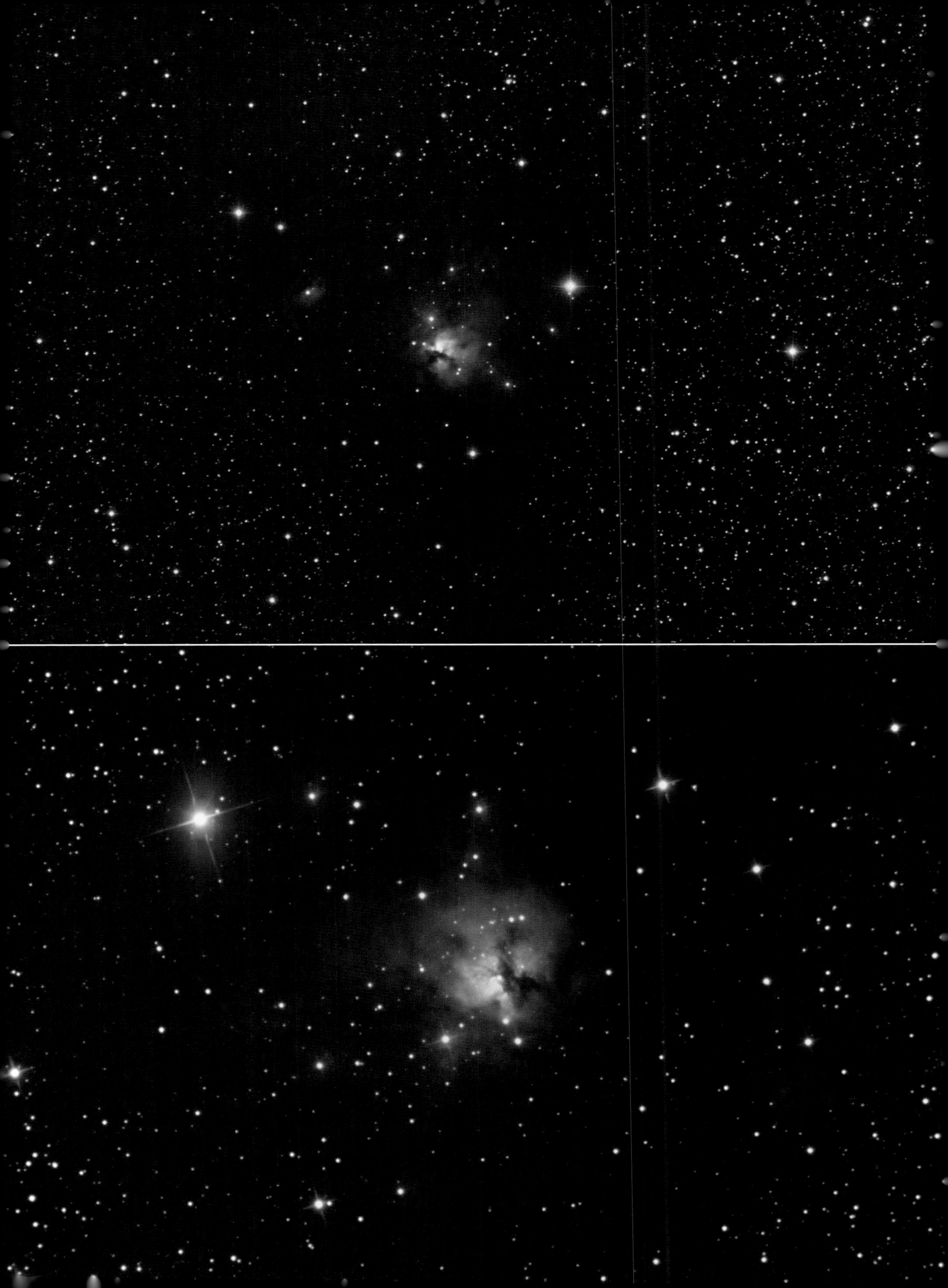

북쪽의 삼렬성운이라 불리는 페르세우스자리에 있는 반사 성운 NGC1579는 지구에서 2100광년 떨어져 있습니다. 성운치고는 작은 면적이며 밝지는 않지만 Hα, OIII 필터를 이용해 촬영한다면 꽤 넓은 영역까지 성운이 퍼져 있을 듯싶습니다. 대구경에 장시간 노출이라면 붉은 성운과 조화를 이루는 푸른색 성운을 담아낼 수 있을 것 같습니다. 주변에는 역시 밀도 높은 성운들이 보입니다. 밤하늘에서 이제껏 찍어 본 적이 없는 대상을 처음 찍는다는 것은 가슴 한켠에 사랑하는 사람을 기다리는 어떤 설렘과 비슷합니다.

**▼ NGC1579**

이번에는 대상을 무엇을 찍을까 준비를 해 갔는데 급히 망원경을 만들어 가느라 가이드 시스템에 신경을 많이 못 쓴 것이 결국은 현지에서 여러 가지 문제를 일으켰다. 맑은 날 3일 중 결국 하루만 촬영에 성공했다.

Equatorial RA: 04h 31m 11s Dec: +35°18′33″

| | |
|---|---|
| 장소 | 2011년 10월 몽골 준모드 농장 |
| 망원경 | 한국 아스트로드림테크 Kastron Alpha-250CAT |
| 적도의 | 한국 아스트로드림테크 MorningCalm 300GE |
| 카메라 | 중국 QHY10 |
| 총 노출 | 50분 |

**▲ NGC1579**

성운치고는 작은 것이지만 Hα, OIII 필터를 이용해 촬영한다면 꽤 넓은 영역까지 성운이 퍼져 있을 듯 싶다. 촬영 중에 FWHM이 4 이하로 잘 안 떨어지기에 뭔가 문제가 있나 했다. 나중에 이미지 처리를 하고 보니 주변으로 성운기가 많은 지역이었다. 대구경에 장시간 노출이라면 붉은 성운과 조화를 이루는 푸른색 성운을 담아낼 수 있을 것 같다. 그 모양과 색이 마치 M20 삼렬성운과 비슷할 것 같다.

| | |
|---|---|
| 장소 | 2005년 10월 강원도 횡성군 덕초현 천문인 마을 나다 제1천문대 |
| 망원경 | HOBYM 292FN 자작 12인치 사진용 반사 망원경 |
| 적도의 | 미국 아스트로피직스 1200GTO |
| 카메라 | 미국 SBIG ST-10XE(-20도) + CFW10 |
| 총 노출 | 60분 |

2200광년 떨어진 백조자리의 북아메리카성운(NGC7000)과 펠리컨성운(IC5067)은 발광 성운입니다. 전체적으로 붉은색인 이 성운은 넓은 면적과 모양새로 천문인들의 사랑을 받고 예전에 중국 트루판과 몽골의 깨끗하고 어두운 하늘에서는 맨눈으로 성운이 보인 적이 있습니다. 쌍안경을 통해 관측하면 별 무리의 짙고 어두운 농담이 보이는데 유심히 관측하면 성운의 밝은 지역을 어렵지 않게 관측할 수 있습니다. 같이 짝을 이루고 있는 펠리컨성운은 백조자리의 밝은 별 데네브의 북쪽에 있습니다. 역시 여름의 대삼각형에서 주인공이라 할 수 있는 성운으로 북반구 여름 하늘의 몇 안 되는 대표 대상입니다. 몇몇 지역에서는 허블 우주 망원경이 별의 탄생하는 모습을 촬영해 세상을 떠들썩하게 했던 지역이 포함된 곳입니다.

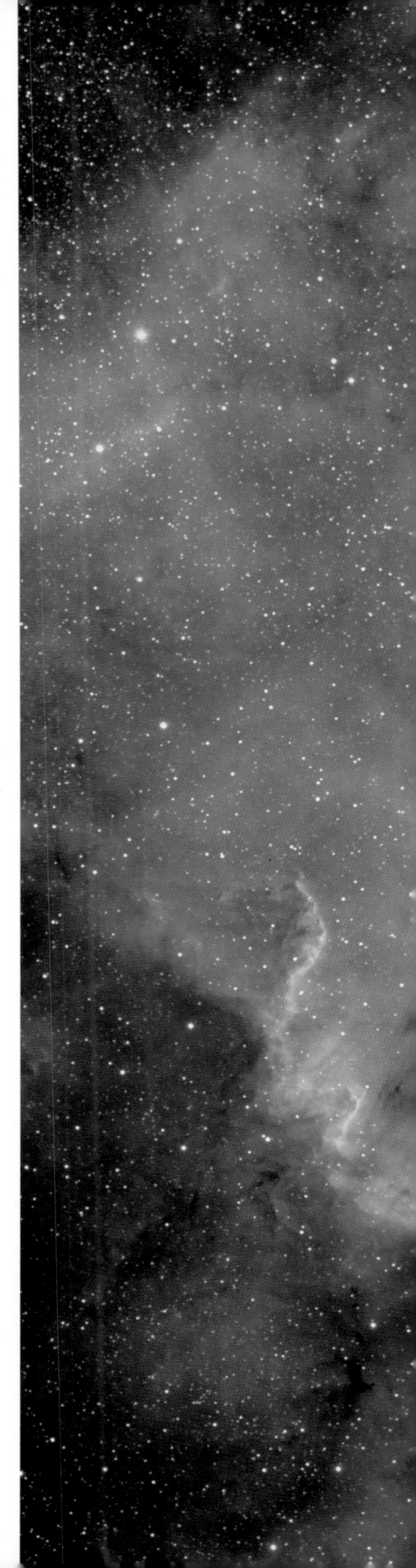

**NGC7000, IC5067**

협대역 필터만으로 충분한 시간의 노출을 주어 처음 촬영한 사진이라 할 수 있다. 별을 자연스럽게 하면서 개인적인 취향의 색을 내도록 조정해 보았다. 별이 태어나는 곳의 디테일이 좋다. 협대역 필터를 이용해 촬영을 하면 성운의 농담이 확실해지고 그 높은 밀도가 별의 탄생과 어떤 연관이 있는지 알 수 있다.

| | |
|---|---|
| 장소 | 2009년 10월 충청남도 아산시 송악면 호빔 천문대 |
| 망원경 | 일본 펜탁스 125SDHF |
| 적도의 | 일본 펜탁스 MS-4 |
| 카메라 | 미국 FLI PL-9000(-40도) + CFW5-7 |
| 총 노출 | 300분 |

**▲ NGC7000, IC5067**

몽골의 맑고 투명한 하늘은 별 디지털 현상을 하더라도 색과 자연스러운 성운의 색을 살릴 수 있는 촬영 환경을 제공한다. 그만큼 하늘의 상태가 사진의 질을 좌우하는 셈이다.

| | |
|---|---|
| 장소 | 2011년 6월 몽골 테를지 국립 공원 |
| 망원경 | 일본 펜탁스 125SDHF+6X7 Reducer |
| 적도의 | 한국 아스트림테크 MorningCalm 300GE |
| 카메라 | 미국 FLI PL-9000(-20도) + CFW5-7 |
| 총 노출 | 55분 |

**▶ NGC7000, IC5067**

새로 영입한 카메라인 FLI PL-9000은 기대만큼의 성능을 보여 준다. 오랜 장마 끝에 맑은 하늘은 습도가 높아 이슬이 많이 내리기는 했지만 아주 좋은 하늘이었다. 달이 뜨기 전에는 색 정보를, 달이 뜨고 나서는 Hα 채널을 찍었다. 많은 정보를 표현하기에는 부족한 인터넷을 감안 디테일을 따로 처리해서 올려 본다. 어떤 경우에는 부자연스러운 협대역 필터와 RGB 합성보다 흑백이 더 보여 주는 것이 많은 경우가 있는 것 같다. 이미지 처리는 Hα와 R을 적절히 섞어 자연스러움과 협대역 Hα 사진의 디테일을 동시에 추구하고자 했다.

Equatorial RA: 20h 59m 20s Dec: +44°34′13″

| | |
|---|---|
| 장소 | 2009년 8월 충청남도 아산시 송악면 호빔 천문대 |
| 망원경 | 일본 펜탁스 125SDHF |
| 적도의 | 일본 다카하시 EM500 Type II |
| 카메라 | 미국 FLI PL-9000(-25도) + CFW5-7 |
| 총 노출 | 150분 |

세페우스자리의 발광 성운인 IC1396성운은 내부에 코끼리코성운(VDB142)을 포함하고 있습니다. 지구에서 2400광년 떨어진 곳에 위치한 거대한 성운입니다. 사진에서 볼 수 있듯이 붉은 산광 성운과 암흑 성운이 곳곳에 분포하고 있습니다. 밝지는 않아서 안시 관측이 불가능하지만 100밀리미터급 망원 렌즈와 추적 장치만으로도 촬영을 할 수 있는 대상입니다.

**IC1396**

아름다운 북쪽 하늘 은하수의 별 색을 살려 촬영해 보고 싶은 대상이었다. 노출 시간의 부족으로 만족할 만한 색 정보를 얻는 데에는 실패했다.

Equatorial RA: 21h 39m 32s Dec: +57°33′46″

| | |
|---|---|
| 장소 | 2010년 10월 몽골 준모드 농장 |
| 망원경 | 일본 다카하시 FSQ-106 |
| 적도의 | 일본 다카하시 EM11 Temma2Jr. |
| 카메라 | 미국 FLI PL-9000 |
| 총 노출 | 90분 |

◀ **IC1396**

노출 시간은 충분했지만 호빔 천문대의 북쪽 아산시의 빛 공해로 인해 결국 만족스러운 결과를 얻지는 못했다. 하지만 색감의 표현은 원하는 대로 현상된 듯하다.

| | |
|---|---|
| 장소 | 2009년 10월 충청남도 아산시 송악면 호빔 천문대 |
| 망원경 | 일본 펜탁스 125SDHF |
| 적도의 | 일본 펜탁스 MS-4 |
| 카메라 | 미국 FLI PL-9000(-40도) + CFW5-7 |
| 총 노출 | 200분 |

▲ **VDB142**

빠른 F수의 12인치 망원경이라고는 하나 IC1396 내의 코키리코 성운 내부의 세부 모습을 잡아내기에는 역부족이었다. 촬영일은 새벽으로 가면서 안개로 인해 투명도가 나빠져서 결국 충분한 노출을 줄 수가 없었다.

| | |
|---|---|
| 장소 | 2005년 6월 강원도 횡성군 덕초현 천문인 마을 나다 제1천문대 |
| 망원경 | HOBYM 292FN 자작 12인치 사진용 반사 망원경 |
| 적도의 | 미국 아스트로피직스 1200GTO |
| 카메라 | 미국 SBIG ST-10XE(-20도) + CFW10 |
| 총 노출 | 100분 |

다소 어두운 대상인 NGC2170은 역시 어두운 별자리인 외뿔소자리에 위치합니다. 밝은 별의 빛을 반사하는 반사 성운으로 대구경의 망원경과 감도 좋은 카메라로 촬영하면 매우 다양한 색조의 성운을 촬영할 수 있습니다. 좋은 사진 촬영의 전제 조건은 어두운 하늘이라야 합니다. 물론 대구경이 아니면 주변시로는 관측이 불가능한 성운입니다. 지구에서 2400광년 거리에 있습니다.

**NGC2170**

이곳은 좀 더 장초점과 대구경 망원경으로 노려야 하는 대상이지만 어두운 하늘도 촬영 조건이 되는 상대적으로 어두운 성운들이다.

Equatorial RA: 06h 08m 13s Dec: -06°24′20″

장소 2010년 10월 몽골 준모드 농장
망원경 일본 다카하시 FSQ-106
적도의 일본 다카하시 EM11 Temma2Jr.
카메라 미국 FLI PL-9000
총 노출 115분

**NGC2264 크리스마스트리성운**

초점이 변한 상태에서 촬영해 별 상이 좀 크게 나왔으며 부실한 삼각대로 인해 극축이 약간 틀어져 주변부 별 상이 조금 회전이 되었다. 천체 사진에 있어서 100퍼센트 만족하는 사진은 없는 법인가 보다. 겨울철 은하수의 중심부라 할 수 있다.

Equatorial RA: 06h 41m 46s Dec: +09°52′40″

| | |
|---|---|
| 장소 | 2010년 10월 몽골 준모드 농장 |
| 망원경 | 일본 다카하시 FSQ-106 |
| 적도의 | 일본 다카하시 EM11 Temma2Jr. |
| 카메라 | 미국 FLI PL-9000 |
| 총 노출 | 110분 |

**여우머리성운**

14인치 뉴턴 망원경은 미러셀을 개조하느라 몇 번을 분해해서 손을 보았다. 일단 차폐가 작은 느린 뉴턴 망원경의 표현력에 가능성을 열어둔다. 오랜만에 찍은 장초점 사진인데 역시 매력이 있다. 근적외 영역의 디테일과 풍성한 성운기가 떨어지지만 여우 밑의 푸른 성운기의 풍성한 세부 표현이 만족스럽다.

| | |
|---|---|
| 장소 | 2009년 1월 충청남도 아산시 송악면 호빔 천문대 |
| 망원경 | 일본 미카게 350 뉴턴식 반사 망원경 |
| 적도의 | 일본 미카게 350식 독일식 적도의 |
| 카메라 | 미국 SBIG STL-11000(-40도) |
| 총 노출 | 280분 |

외뿔소자리에 위치한 크리스마스트리성운은 콘성운, 여우머리성운, 그리고 성단과 암흑 성운으로 이루어져 있는 화려한 겨울철의 대표 발광 성운입니다. 지구에서 2600광년 떨어져 있는 곳에 있습니다. 아름다운 산개 성단과 푸른색 성운, 변광 성운 NGC2261 등이 위치하고 있어 넓은 시야로 촬영을 하면 화려한 모습이 압권입니다.

**NGC2264 크리스마스트리성운**

화려한 겨울 은하수의 대표 주자인 크리스마스트리성운이다. 평소보다 좀 화려한 색이 나도록 처리를 해 보았다. 과거 인연이 없던 성운으로 좋은 사진이 없었는데 이번 것은 어느 정도 맘에 든다. 빠른 대구경 광학계의 정보량은 대단해서 처리 시 많은 노력을 기울이지는 않았다. 별 색을 살리는 데 중점을 둔 처리이다.

| | |
|---|---|
| 장소 | 2013년 11월 충청남도 아산시 송악면 호빔 천문대 |
| 망원경 | 한국 아스트로드림테크 Kastron Alpha-250CA |
| 적도의 | 한국 아스트로드림테크 MorningCalm 300GE |
| 카메라 | 미국 SBIG STL-11000(-15도 냉각) |
| 총 노출 | 105분 |

세페우스자리에 있는 작은아령성운 NGC7129는 산광 성운으로 지구에서 3300광년 거리에 위치합니다. 북반구의 겨울 은하수에 위치한 성운으로 주변에서 현재 젊은 산개 성단이 만들어지고 있습니다. 주변에서 관측되는 130여 개의 별들은 탄생한 지 100만 년이 안 된 젊은 별들입니다. 사진에서는 성운에서 4시경 부근에 산개 성단 NGC7142가 보입니다.

**M76 작은아령성운**

시직경이 작은 만큼 긴 초점 거리가 필요하다. 다카하시 슈미트 카세그레인은 F12로 사진에는 적합하지 않은 긴 구경비를 갖고 있지만 상대적으로 큰 콘트라스트를 지닌 행성상 성운 등은 촬영이 가능하다. 미국 셀레스트론 사에서 생산되는 F6.3 리듀서를 사용했다.

| | |
|---|---|
| Equatorial | RA: 01h 43m 12s Dec: +51°38′34″ |
| 장소 | 2004년 11월 강원도 횡성군 천문인 마을 |
| 망원경 | 일본 다카하시 TSC225 + F6.3 리듀서 @F7.6 |
| 적도의 | 일본 다카하시 EM200 Temma2Jr. |
| 카메라 | 미국 SBIG ST-10XE(-27도) + CFW-8a |
| 총 노출 | 85분 |

외뿔소자리에 있는 NGC2261은 크리스마스트리성운 근처에 있는 변광 성운으로 이곳에서 2500광년 떨어져 있습니다. 성운을 밝혀 주는 항성의 밝기가 변함에 따라 성운의 크기와 모양도 변해 보이는 그런 성운입니다. 마치 사람들 마음 같습니다. 겨울 은하수 속에 있는 매력적인 성운으로 크기가 작아 큰 구경에서 주변 별들의 색감과 함께 멋진 모습을 잡아낼 수 있습니다. 생김만큼이나 매력적인 성운입니다.

**NGC2261**

크리스마트리 성운 근처에 있는 대상으로 크기는 작지만 주변 별들이 다양한 색으로 아름답게 빛난다.

Equatorial RA: 06h 39m 57s Dec: +08°43′38″

| | |
|---|---|
| 장소 | 2007년 9월 강원도 횡성군 덕초현 천문인 마을 나다 제1천문대 |
| 망원경 | 한국 아스트로드림테크 Kastron 380DS 사진용 반사 망원경 |
| 적도의 | 미국 아스트로피직스 1200GTO |
| 카메라 | 미국 SBIG ST-10XE(-50) + CFW10 |
| 총 노출 | 105분 |

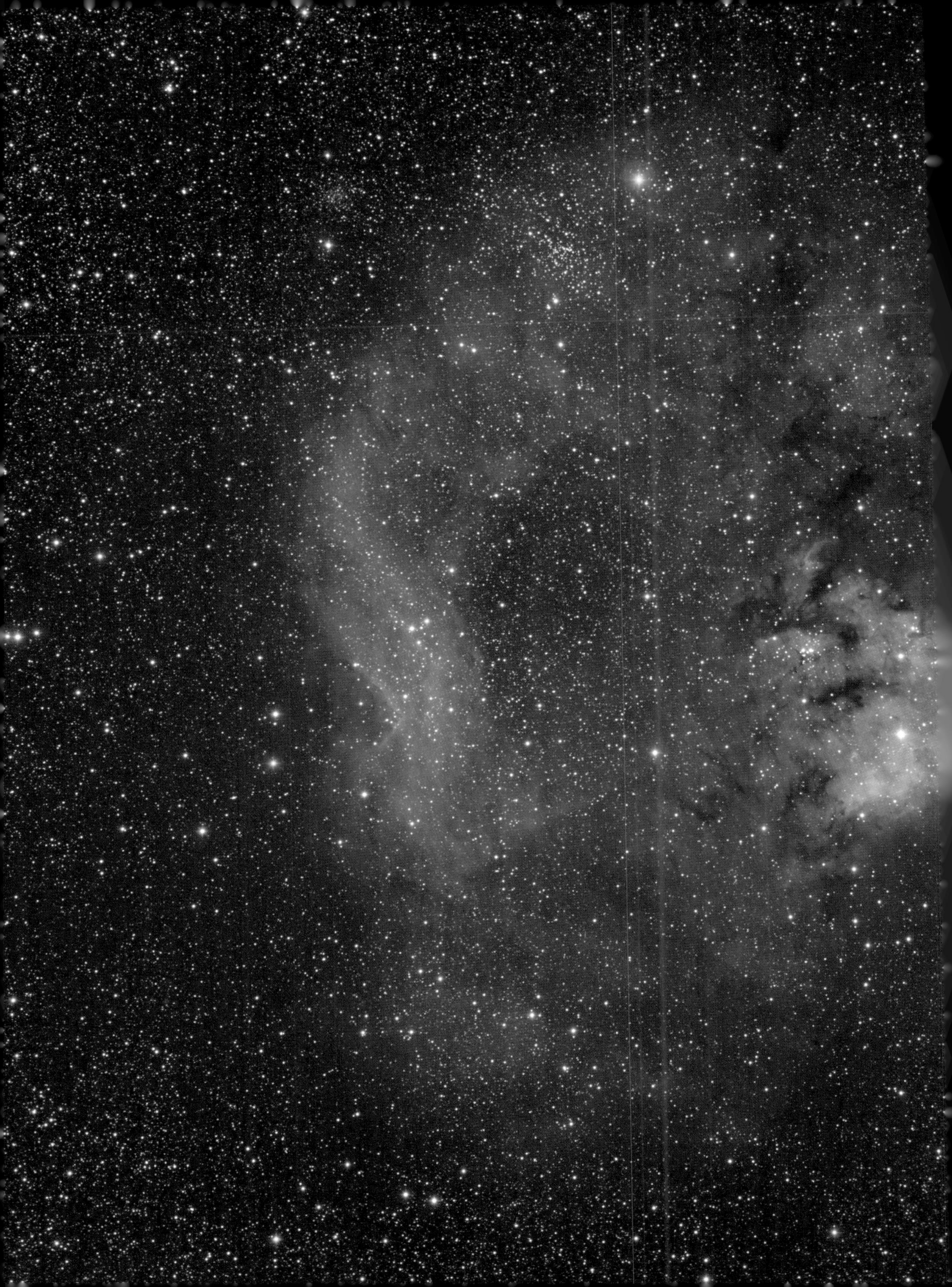

세페우스자리의 NGC7822와 CED214는 지구에서 각각 3000광년과 2750광년 떨어져 있는 발광 성운들로 CED214를 NGC7822가 감싸 안은 모습을 하고 있습니다. 특히 CED214는 내부에 활발히 별들이 만들어지는 곳이 있습니다. 밝기와 크기를 감안하면 왜 NGC 목록에 들어 있지 못할까 하는 의문이 듭니다.

**NGC7822,CED214**

고도가 높아서 그런지 처짐 현상이 덜해서 그런지 별 상이 좋다. 세페우스 자리도 사실 찍을 대상이 무궁무진하다. 이미지 처리는 할 때마다 결과물이 다 다르기 마련인데 별 색이 아스라이 살아나는 듯해서 나름 만족스럽게 디지털 현상이 된 것 같다.

Equatorial RA: 00h 04m 18s Dec: +67°14′27″

| | |
|---|---|
| 장소 | 2010년 10월 몽골 준모드 농장 |
| 망원경 | 일본 다카하시 FSQ-106 |
| 적도의 | 일본 다카하시 EM11 Temma2Jr. |
| 카메라 | 미국 FLI PL-9000 |
| 총 노출 | 110분 |

협대역 필터를 이용해 촬영하면 별들의 공장이 찍힙니다. 창조의 기둥이라 불리는 이 지역의 별 공장들은 허블 우주 망원경이 촬영해 주목받은 적이 있습니다.

**CED214**

협대역 필터로 찍은 첫 사진이다. 오래되어서 광학적 성능에도 불구하고 가격이 저렴한 옛 렌즈들이 멋진 천체 사진용 렌즈로 거듭난다. 남들이 안 하는 것을 개척해 새로운 길을 연다는 것은 나름 의미 있는 일이다.

**장소** 2006년 12월 강원도 횡성군 덕초현 천문인 마을 나다 제1천문대
**망원 렌즈** 일본 캐논 FD300밀리미터 F2.8(전면 F3.7 조리개)
**적도의** 미국 아스트로피직스 1200GTO
**카메라** 미국 SBIG ST-10XE(-40) + CFW10
**총 노출** 100분

반사 성운인 누에고치성운(IC5146, Cocoon Nebula)은 백조자리에 위치하며 지구에서 3300광년 떨어진 곳에 있습니다. 은하수를 기어가면서 자국을 남긴 듯한 누에고치 모습 그대로입니다.

**IC5146 누에고치 성운**

천체 사진가들은 아주 작은 색의 차이에서 별 색을 발현시키고는 한다. 50분의 총 노출은 아산의 하늘 상태를 생각하면 아쉬운 정보량이다. 그런 이유로 별 색이 발현되지 못한 것이 아쉽다.

Equatorial RA: 21h 53m 56s Dec: +47°19′56″

장소 2009년 10월 충청남도 아산시 송악면 호빔 천문대

망원경 일본 펜탁스 125SDHF + 0.72 리듀서

적도의 일본 펜탁스 MS-5

카메라 중국 QHY8 Color CCD

총 노출 50분

**IC5146**

요즈음 호빔 천문대는 날은 좋으나 투명도가 떨어지는 날의 연속이다. 해발 고도 160미터 정도의 고도와 주변이 벼 수확을 하기 전이라는 시점 때문에 그런지 다른 천체 사진가들이 모두 다 맑고 좋은 하늘을 만날 수 있다고 좋아라 한다. 그러나 이곳에서는 은하수가 보이지 않는다.

| | |
|---|---|
| 장소 | 2011년 9월 충청남도 아산시 송악면 호빔 천문대 |
| 망원경 | 한국 아스트로드림테크 Kastron Alpha-250CA |
| 적도의 | 한국 아스트로드림테크 MorningCalm 500GE |
| 카메라 | 미국 QSI 583WSG |
| 총 노출 | 90분 |

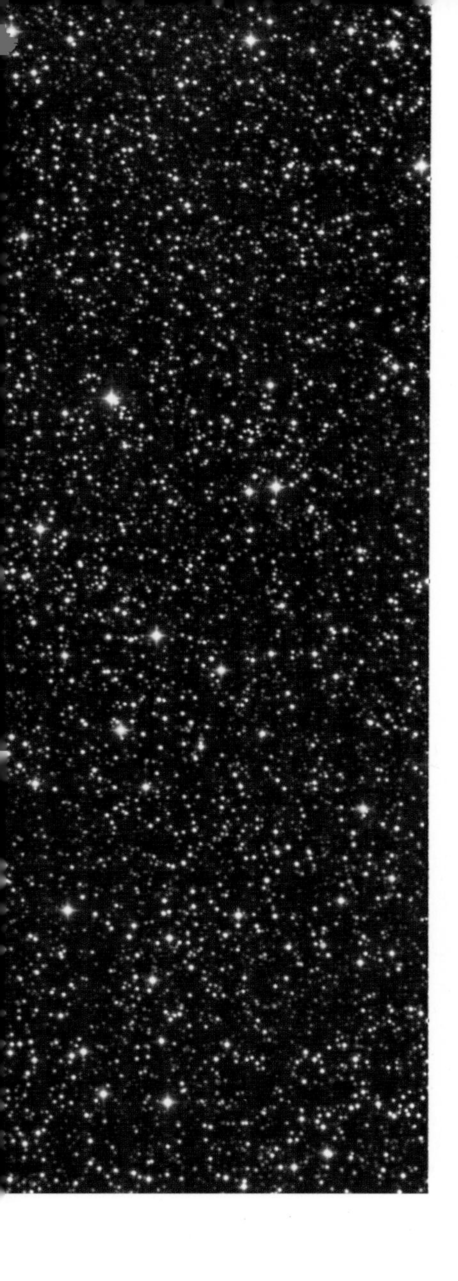

▶▶ **IC5146**

감광면은 작지만 감도가 좋은 CCD를 쓰는 카메라 ST-10XE는 이렇듯 자세한 성운의 세부를 촬영하는 데 도움을 준다.

| | |
|---|---|
| 장소 | 2005년 5월 강원도 횡성군 덕초현 천문인 마을 나다 제1천문대 |
| 망원경 | HOBYM 292FN 자작 12인치 사진용 반사 망원경 |
| 적도의 | 미국 아스트로피직스 1200GTO |
| 카메라 | 미국 SBIG ST-10XE(-20도) + CFW8a |
| 총 노출 | 70분 |

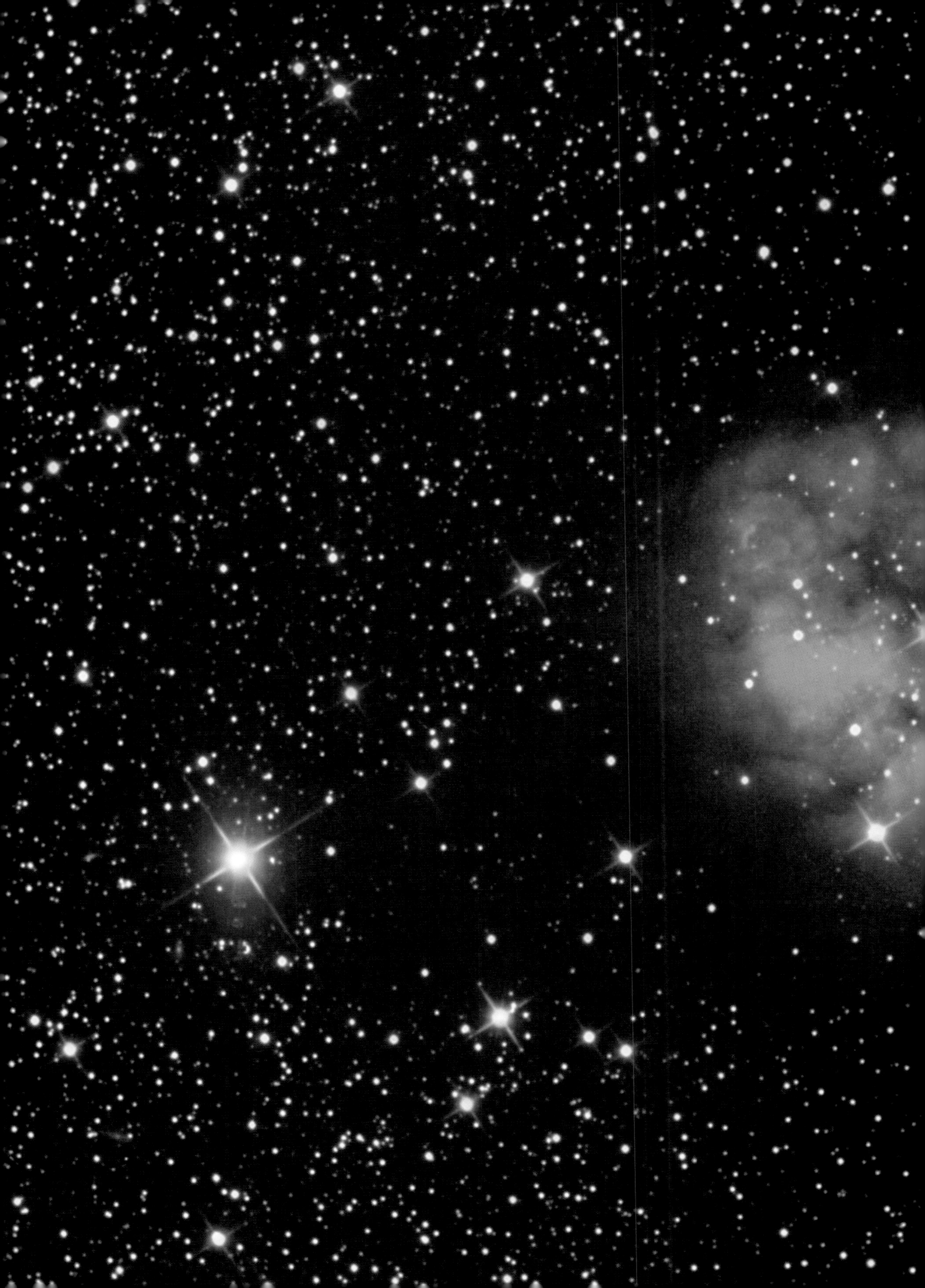

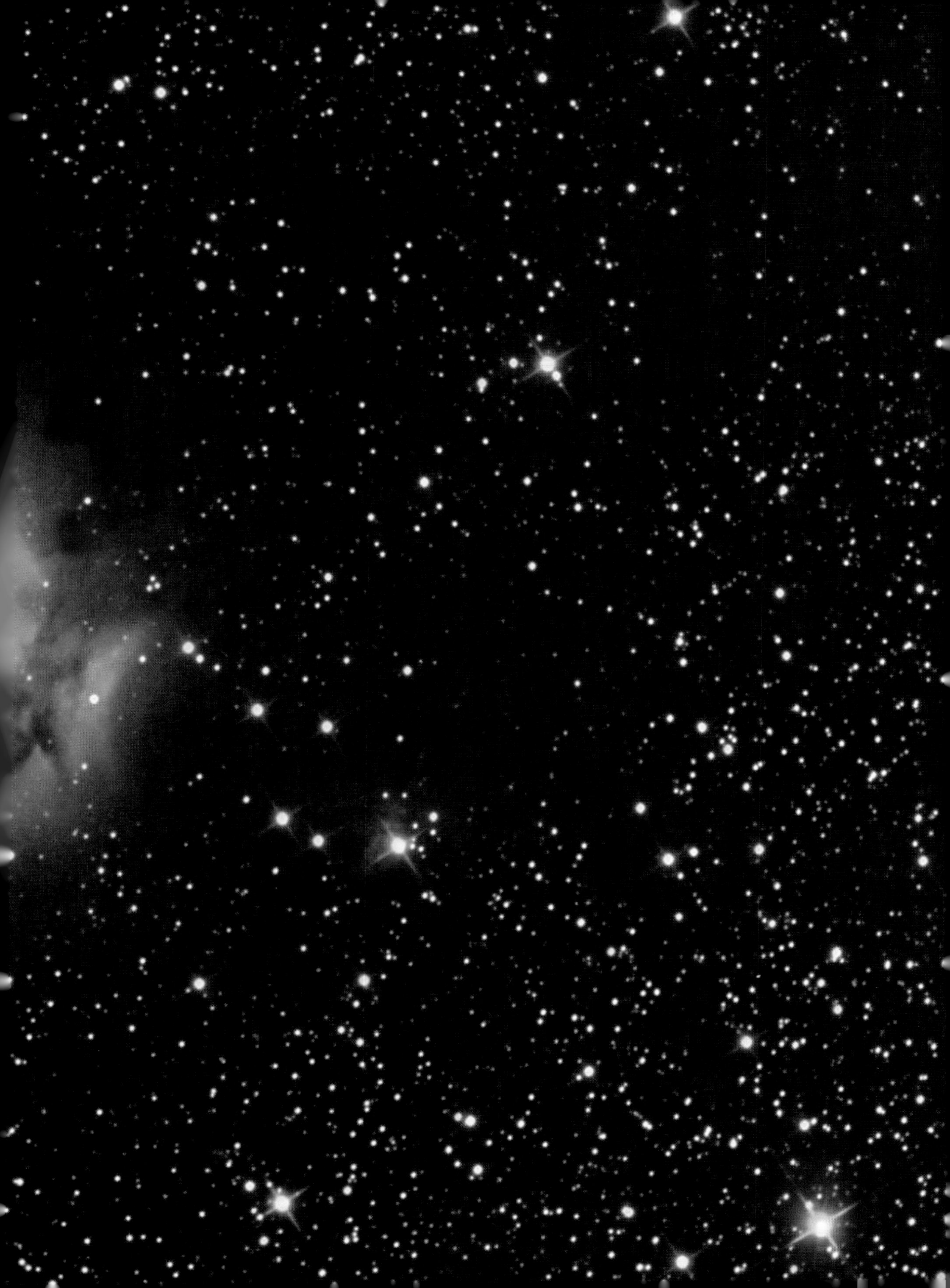

세페우스자리에 있는 NGC7129는 산광 성운으로 지구에서 3300광년 거리에 위치합니다. 북반구의 겨울 은하수에 위치한 성운으로 주변에서 현재 젊은 산개 성단이 만들어지고 있습니다. 주변에서 관측되는 130여 개의 별들은 탄생한 지 100만 년이 안 된 젊은 별들입니다. 사진에서는 성운에서 4시경 부근에 산개 성단인 NGC7142가 보입니다.

**NGC7129, NGC7142**

시상이 예전 가을에 방문했을 때 같지는 않았다. 천문 여명과 박명이 길고 촬영할 수 있는 시간이 짧아 사진 관측 여행으로서는 조건이 좋지 못했으나 지금까지와는 다르게 1인치 큰 망원경으로 찍었다는 것에 위안을 삼는다. 그리고 기온차가 커서 초점이 1시간을 버티지 못했다.

| | |
|---|---|
| 장소 | 2011년 5월 몽골 준모드 농장 |
| 망원경 | 일본 펜탁스 125SDHF |
| 적도의 | 한국 아스트로드림테크 MorningCalm 300GE |
| 카메라 | 미국 FLI PL-9000(-20도) + CFW5-7 |
| 총 노출 | 90분 |

IC2177은 외뿔소자리에 있는 거대한 발광 성운으로 그 모양이 마치 갈매기가 날아가는 것과 흡사하다고 해서 갈매기성운(Seagull Nebula)으로 명명했습니다. 지구에서 거리는 3650광년입니다. 한국에서는 고도가 낮아 촬영하기 힘든 대상이지만 어두운 하늘이면 200밀리미터급 망원렌즈로도 간이 추적기를 이용해 촬영이 가능합니다.

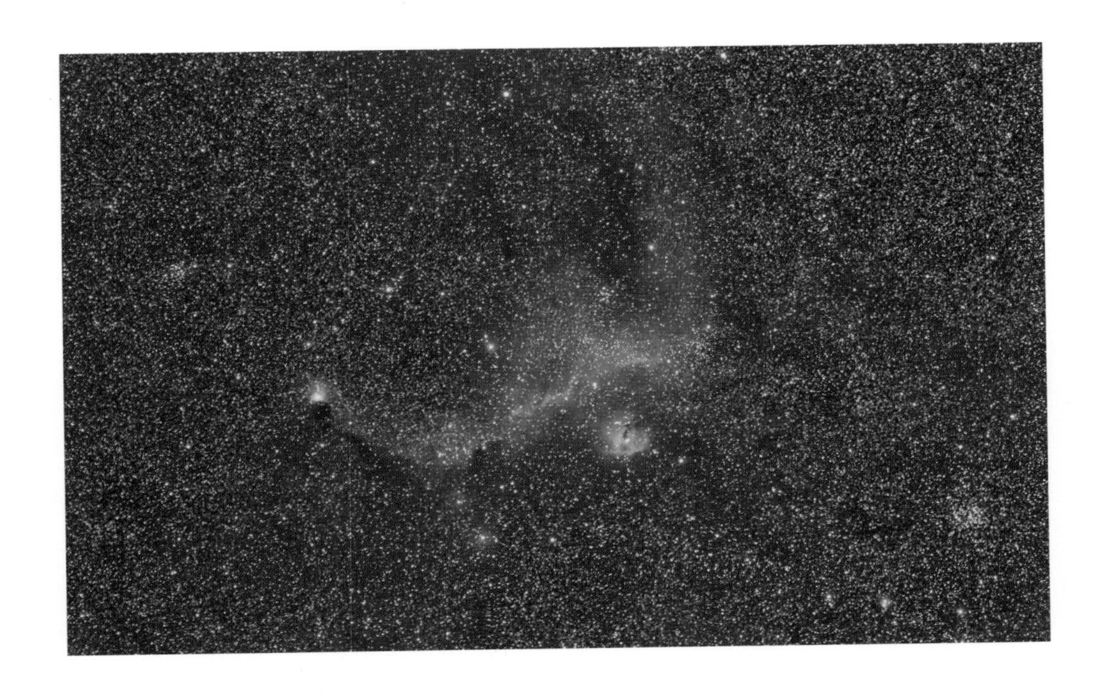

**◀ IC2177 갈매기성운**

바람이 불고 시상이 좋지 않은 날이었다. 전날의 시상에 비하면 아주 나빠서 1등성까지도 반짝반짝거렸다. 그리고 대상의 천구상 고도가 낮은 것도 한몫 한다. 몽골 가서 찍은 사진을 보고 있노라면 잘 나온 것과 별 상이 큰 것이 대비가 된다. Hα 필터 없이 찍은 사진이고 역시 별이 많이 찍히는 것이 마음에 든다.

장소　2010년 10월 몽골 준모드 농장
망원경　일본 다카하시 FSQ-106
적도의　일본 다카하시 EM11 Temma2Jr.
카메라　미국 FLI PL-9000
총 노출　50분

**▲ IC2177 갈매기성운**

촬영 매수를 좀 더 확보한다면 좀 더 나은 사진을 얻게 될 것 같다. 색감이 아름다운 겨울 은하수 지역의 대상이기에 이미지 처리할 때 다양한 색의 계조를 살려내는 데 역점을 두었다.

Equatorial　RA: 07h 05m 59s Dec: -10°39′40″
장소　2008년 12월 충청남도 아산시 송악면 호빔 천문대
망원 렌즈　일본 캐논 EF200밀리미터 F1.8(전면 F2.5 조리개)
적도의　일본 다카하시 EM11 Temma2Jr.
카메라　한국 Central DS Astro 350D
총 노출　110분

쌍둥이자리의 초신성 잔해인 IC 443은 이곳에서 약 5000광년 떨어진 곳에 위치합니다. 모양이 해파리와 매우 흡사해서 해파리성운(Jellyfish Nebula)으로 불립니다. 눈으로는 보이지 않는 붉은 성운으로 사진에서도 어두운 부분에서는 성운의 모양과 구조를 표현해 내기가 쉽지 않습니다. 밝은 별과 더불어 바닷속을 헤엄치는 모습이 연상됩니다.

**IC443 해파리성운**

하늘의 상태는 강원도 횡성군 덕초현과 비교는 되지 않지만 구경과 화각으로 지금 것이 좀 나아 보인다. 어두운 하늘에 대한 갈증은 이미지 처리를 하는 내내 계속되었다. 색 정보가 부족해서 애를 먹었는데 총 두 장씩 있는 중에 R 채널 한 장에 자동차 불빛이 들어가 고생을 좀 했다. 노이즈를 인위적으로 없애 주는 니트 이미지 프로그램도 오랜만에 써 보았는데 역시 훌륭하다. 하늘을 감안하면 역시 덕초현 대비 두 배는 노출을 줘야 할 것 같다.

Equatorial RA: 06h 18m 41s Dec: +22°48′30″

| | |
|---|---|
| 장소 | 2010년 1월 충청남도 아산시 송악면 호빔 천문대 |
| 망원경 | 한국 아스트로드림테크 Kastron Alpha-250CA |
| 적도의 | 한국 아스트로드림테크 MorningCalm 500GE |
| 카메라 | 미국 QSI 583WSG(-40도) |
| 총 노출 | 110분 |

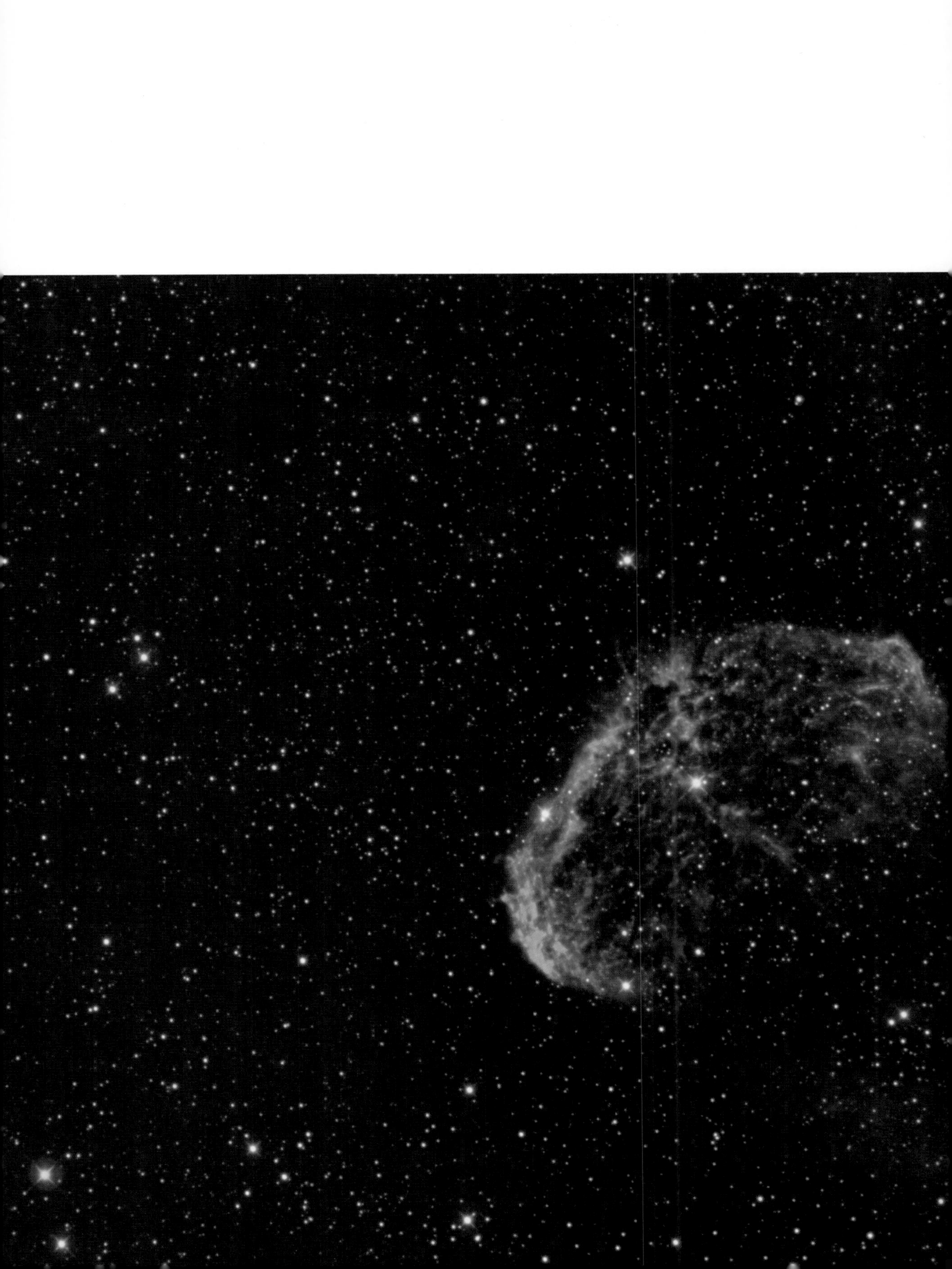

백조자리에 위치한 산광 성운인 NGC6888은 모습 때문에 초승달성운(Crescent Nebula)으로 불립니다. 지구에서 거리는 5000광년입니다. 25만 년에서 40만 년 전에 적색 거성이 초신성 폭발하고 남긴 잔해입니다. 8인치 반사 망원경으로 관측할 때 UHC 필터나 OIII 안시용 필터를 사용하면 어두운 하늘에서 관측이 가능합니다.

**NGC6888 초승달성운**

초점 거리가 짧으며 빠른 반사 광학계와 한 픽셀이 작은 CCD 카메라의 조합은 경제적이다. 투명도가 좋으면 얼마나 좋아질까 하는 생각이 든다. 아산의 하늘이 점점 밝아져 가는 것을 느낀다. 다른 지역은 인구가 준다는데 아산은 평균 1년에 1만 명씩 늘어나고 있다. 빛 공해가 많아지고 이곳 호빔 천문대도 별 보기가 힘들어진다는 이야기가 된다. 다음 기회에는 협대역 필터로 촬영해 주변의 초록빛의 가스를 잡아 보고 싶다.

Equatorial RA: 20h 12m 38s Dec: +38°23′45″

장소 2009년 10월 충청남도 아산시 송악면 호빔 천문대

망원경 한국 아스트로드림테크 Kastron Alpha-250CA

적도의 일본 다카하시 EM500 Type III

카메라 미국 QSI 583WSG(-25도)

총 노출 100분

외뿔소자리의 유명한 발광 성운인 장미성운은 가을 밤하늘의 주인공입니다. 지구에서 5200광년 떨어져 있습니다. 유명한 만큼 천체 사진가들이 모두 잘 찍어 보고자 촬영하는 대상이지만 맘에 드는 붉은색 장미는 그리 쉽지만은 않습니다. 아산의 하늘은 북서쪽에 빛 공해가 있기는 하지만 찍히는 것을 보면 상당히 어두운 부분까지 찍힙니다. 하늘이 청명하고 공해 물질이 없이 깨끗하다는 증거이기도 합니다.

**▶ NGC2237 장미성운**

이사진은 3일에 걸쳐 촬영한것으로 많은 정보량을 갖고 있다. 그만큼 다양한 표현이 가능하다.

Equatorial RA: 06h 31m 41s Dec: +05°01′59″

장소 2008년 12월 충청남도 아산시 송악면 호빔 천문대

망원경 일본 다카하시 FSQ 106ED

적도의 일본 펜탁스 MS-5

카메라 미국 SBIG STL-11000(-40도)

총 노출 280분

**▶▶ NGC2237 장미성운**

SBIG의 ST-10XE의 협대역 필터인 SII Hα OII로 색 정보를 얻고 디테일한 정보는 SBIG STL11000을 사용했다. 10XE의 화각이 훨씬 작아 어려운 작업이기는 하지만 나름 기대하는 정도의 사진은 나오는 것 같다. 결국 총 11시간 노출의 이미지가 되었다. 쉽지 않은 이미지 처리의 과정을 빼면 근사한 시도인 것 같다. 우주에서 가장 큰 장미, 깊어 가는 겨울밤의 추위를 날려 버리는 듯한 따스함이 있다.

장소 2008년 12월 충청남도 아산시 송악면 호빔 천문대

망원경1 일본 다카하시 FSQ 106ED

망원경2 일본 펜탁스 75SDHF

적도의 일본 펜탁스 MS-5

카메라1 미국 SBIG STL-11000(-40도)

카메라2 미국 SBIG ST-10XE(-30도) + CFW10

총 노출 660분

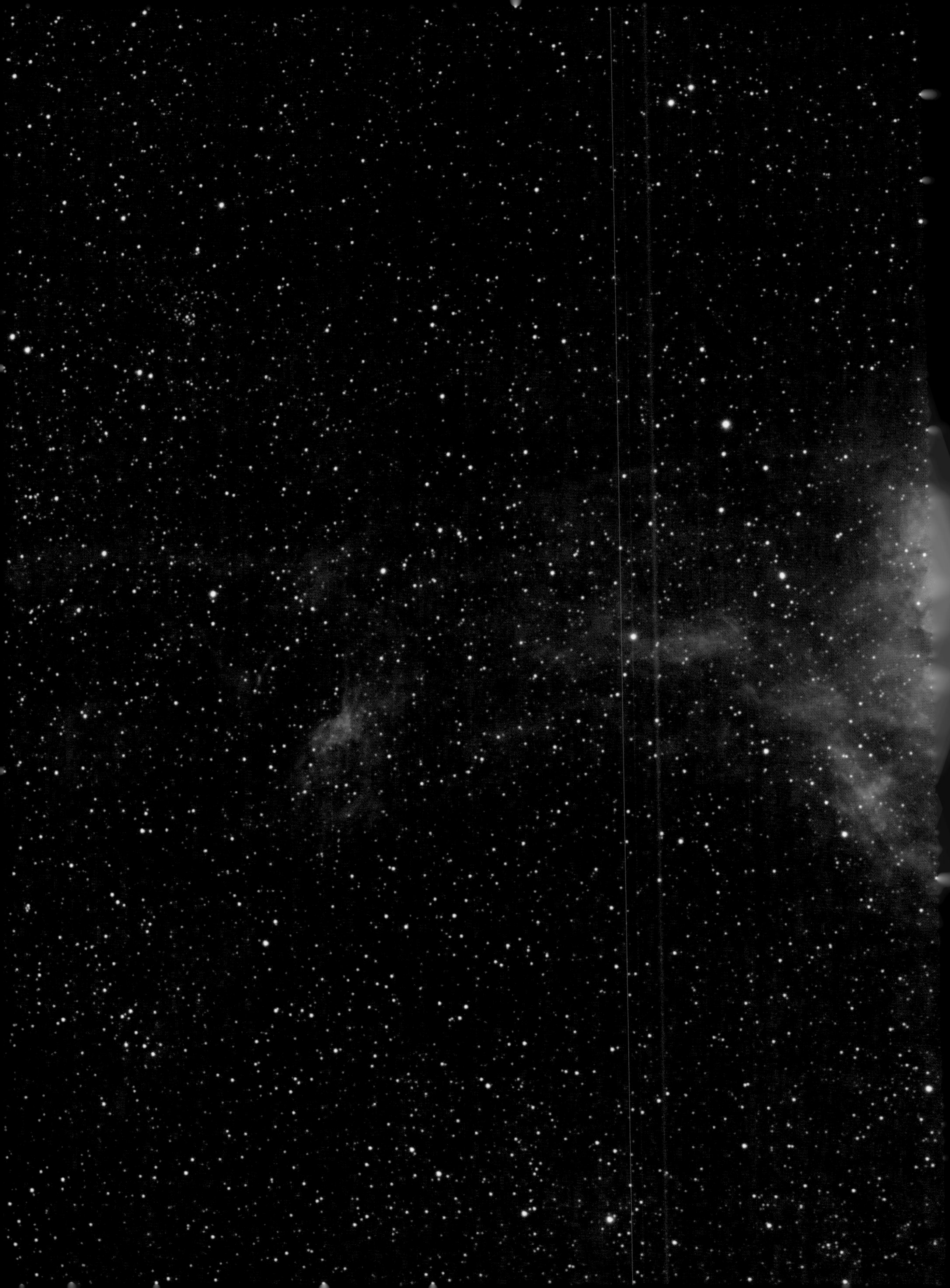

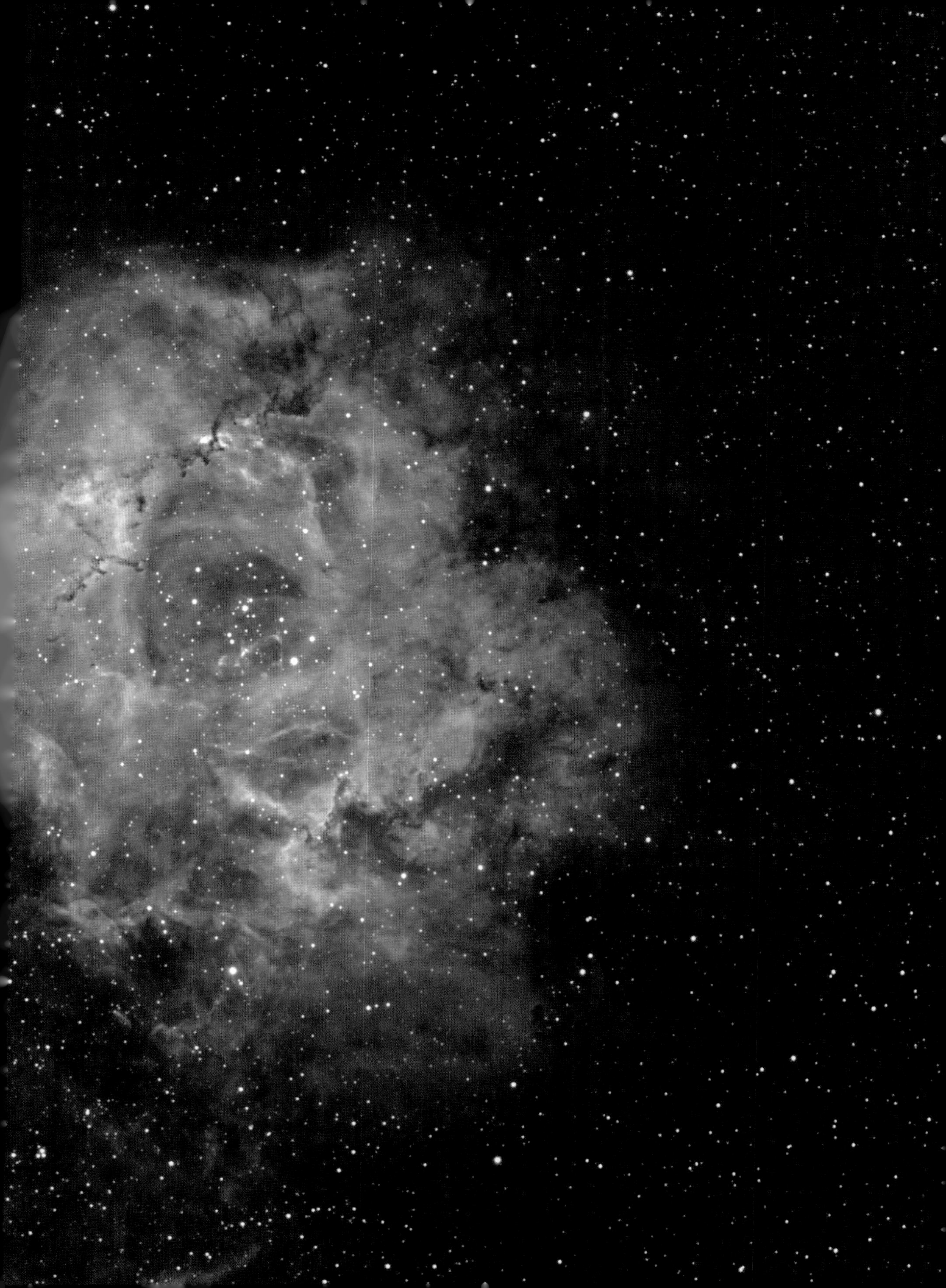

여름철 밤이 깊어 가며 남쪽 하늘에는 궁수자리가 떠오릅니다. 우리 은하의 중심부인 만큼 많은 대상들을 포함하고 있습니다. M17은 대표적인 대상 중 하나로 생긴 모양 때문에 백조성운, 오메가성운으로 불립니다. 지구에서 약 5500광년 거리에 있습니다.

메시에 목록의 첫 번째를 장식하는 게성운(Crab Nebula)은 황소자리에 위치한 초신성 잔해입니다. 사진은 게를 닮은 모습이 아니지만 대구경 안시 관측으로 보면 주변의 필라멘트 구조가 게의 다리처럼 보이는 것이 사실입니다. 게성운은 아주 빠른 속도로 퍼지고 있습니다. 실제 예전 사진과 비교하면 꽤 커져 있는 것을 확인할 수 있습니다. 지구에서 6500광년 가야만 만날 수 있는 대상입니다.

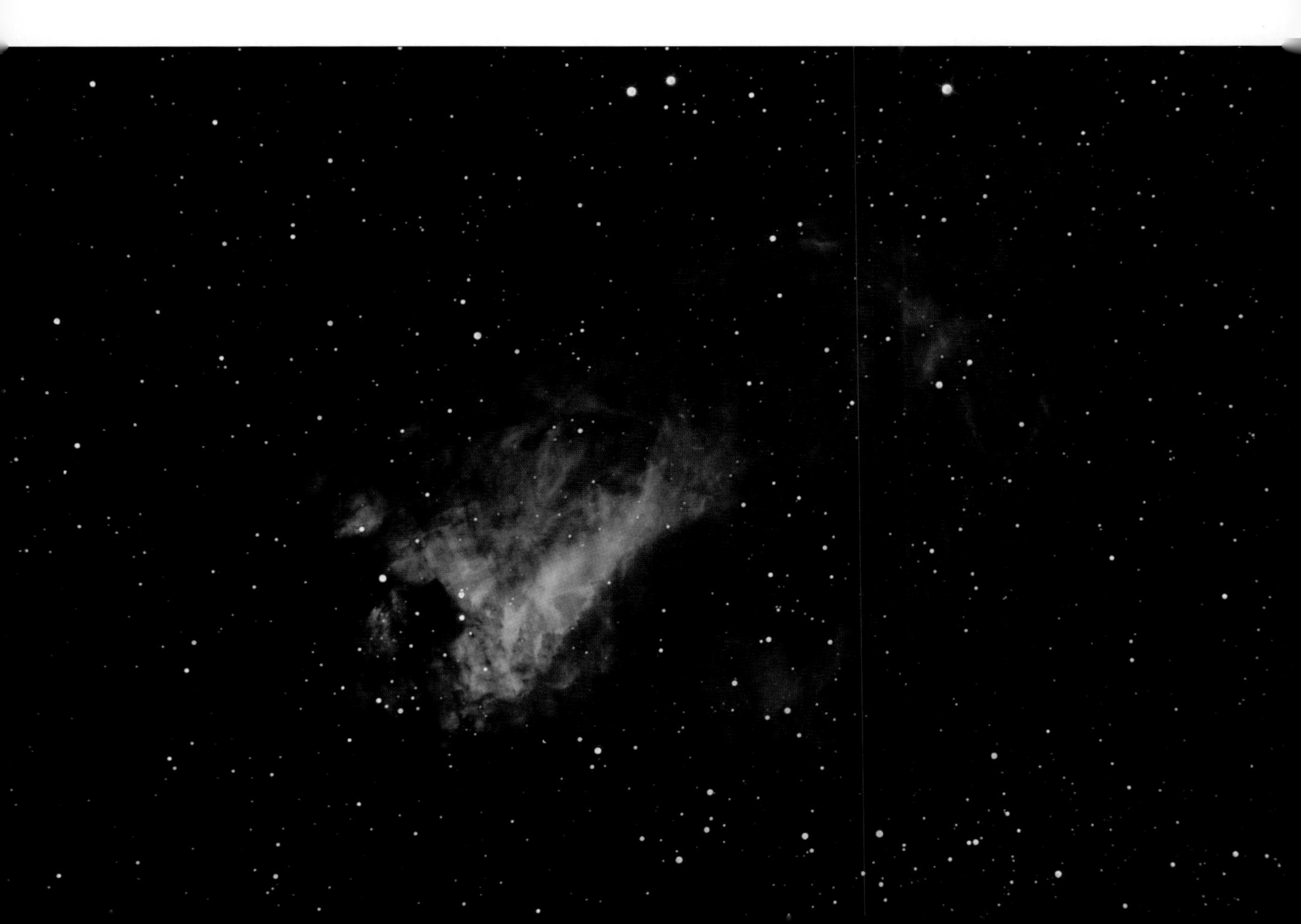

### ▲ M1 게성운

직접 제작한 15인치 반사 망원경의 첫 사진이다. 일단 써 본 느낌은 역시 집광력의 차이로 인해 장당 S/N비가 아주 좋다는 것이다. 한 장의 이미지가 12인치 5장 이미지를 합친 정도이다. 물론 이론적인 수치인 분해능에서도 압도적이었다. 제대로 된 사진을 올리고 싶었지만 바람과 시상, 세세한 준비가 부족해 노출을 충분히 줄 수 없어 사진 성능은 70퍼센트 수준일 것 같다. 첫 대상을 M1으로 택한 이유는 디테일이 섬세해서 이전 12인치와의 차이를 보기 위해서다. EQ1200이 좋다고는 하나 역시 큰 경통 크기 때문에 바람에 취약함을 알 수 있었다. 추가로 CFW10으로 바꾸면서 보정 렌즈와 CCD면까지의 최적 거리를 찾아내지 못하고 있다. 역시 사진의 디테일에 영향을 주는 요소이므로 앞으로 해결되면 사진은 더 좋아질 것 같다. 이날은 바람도 있었지만 시상도 보통이었던 것을 감안하면 앞으로의 사진이 더 기대된다.

Equatorial RA: 05h 35m 24s Dec: +22°01′15″

| | |
|---|---|
| 장소 | 2005년 11월 강원도 횡성군 덕초현 천문인 마을 나다 제1천문대 |
| 망원경 | 한국 아스트로드림테크 Kastron 380DS 사진용 반사 망원경 |
| 적도의 | 미국 아스트로피직스 1200GTO |
| 카메라 | 미국 SBIG ST-10XE(-25도) + CFW10 |
| 총 노출 | 35분 |

### ◀ M17 백조성운

한동안 Hα 필터 사진의 매력에 빠져 성운기가 많이 나오도록 촬영했다. 하지만 상대적으로 별의 색을 살릴 수 없다는 단점이 있다.

Equatorial RA: 18h 21m 38s Dec: -16°10′28″

| | |
|---|---|
| 장소 | 2005년 3월 강원도 횡성군 덕초현 천문인 마을 나다 제1천문대 |
| 망원경 | HOBYM 292FN 자작 12인치 사진용 반사 망원경 |
| 적도의 | 미국 아스트로피직스 1200GTO |
| 카메라 | 미국 SBIG ST-10XE(-30도) + CFW8a |
| 총 노출 | 65분 |

뱀자리에 있는 독수리성운 M16은 역시 여름철의 주요 대상 중 하나로 가까운 곳에 백조성운 M17이 있습니다. 허블 망원경이 별이 태어나는 곳을 촬영해 화제가 되었던 곳입니다. 안시 관측으로는 성운의 중심에 있는 산개 성단이 우선 눈에 보입니다. 그리고 주변시로 보면 뿌연 성운 기운이 보이며 OIII 필터를 이용하면 성운을 좀 더 확실히 관측할 수 있습니다.

**M16 독수리성운**

개조한 디지털 카메라를 이용한 촬영도 감도와 현상 등 몇 가지 부분에서 장애가 있지만 접근하기 쉽다는 장점도 있다.

| | |
|---|---|
| 장소 | 2006년 5월 강원도 횡성군 덕초현 나다 제1 천문대 |
| 망원 렌즈 | 일본 캐논 FD300밀리미터 F2.8L(F4.1) |
| 적도의 | 미국 아스트로피직스 1200GTO |
| 카메라 | 일본 캐논 EOS 20D – Lowpass filter 개조 |
| 총 노출 | 30분 |

용골자리의 에타카리나성운(Eta Carina Nebula)입니다. 워낙 크고 밝아 마젤란 부속 은하처럼 확실히 거대하게 보이지는 않지만 위치를 알고 주의를 기울여 보면 확실히 눈으로도 관측 가능한 발광 성운입니다. 약 6500~1만 광년 떨어져 있습니다. 그만큼 크고 거대한 성운으로 북반구에서는 관측이 불가능합니다. 처음으로 남천을 촬영하기 위해 간 오스트레일리아 여행에서 이 성운을 처음 촬영할 수 있었습니다. 더불어 오스트레일리아의 대자연에서 멋진 별 친구들과 함께 지구를 느낄 수 있었습니다.

**▲ NGC3372 에타카리나성운**

남천에 처음 가서 가장 감동적이었던 것은 마젤란성운과 에타카리나성운이 맨눈으로 보인다는 것이었다. DSLR로 촬영하면 성운의 붉은 기운이 잘 느껴지지 않는다. R채널과 함께 G, B채널에 꽤 많은 정보가 있기 때문이다.

Equatorial RA: 10h 44m 27s Dec: -59°56′46″
장소 2006년 6월 오스트레일리아 밀두라
망원 렌즈 일본 캐논 EF200밀리미터 F1.8L(F2.5)
적도의 일본 다카하시 EM11Temma2Jr.
카메라 한국 Central DS 개조 캐논 EOS 350D
총 노출 20분

**▶ 에타카리나성운**

남천에서 처음 대상을 겨누고 촬영한 대상이다. 결국 RGB는 STL-11K의 것을 이용할 수밖에 없었다. 워낙 밝고 큰 대상이다. 실제 처리를 해 보니 G, B채널의 정보가 많이 있었다. 실제 붉다고만은 할 수 없는 성운이다.

장소 2006년 6월 오스트레일리아 밀두라
망원 렌즈 일본 캐논 FD300밀리미터 F2.8L(F3.5)
적도의 일본 다카하시 EM11Temma2Jr.
카메라1 미국 SBIG ST-10XE(-15) + CFW10
카메라2 미국 SBIG STL-11000(-22도)
총 노출 105분

은하수 속의 M8 석호성운과 M20 삼렬성운입니다. 발광 성운인 석호성운은 4100광년 거리이며 발광 반사 성운인 삼렬성운은 7600광년 거리에 있습니다. 우리나라에서 여름이면 남쪽 하늘에서 떠오르는 우리 은하 중심부에 가까이 있는 이 대상들은 궁수자리에 속해 있습니다. 석호성운의 경우 어두운 하늘에서 구성하고 있는 별무리뿐 아니라 성운 기운도 관측이 가능할 만큼 밝고 큰 대상입니다. 여름을 수놓는 대표 별자리 중 하나인 궁수자리는 이 대상 이외에도 많은 성단 성운들을 보석처럼 보유하고 있는 별자리입니다.

**M8 석호성운과 M20 삼렬성운**

F수가 빠르고 평탄한 망원 렌즈는 경우에 따라 천체 사진용 렌즈로 변신한다. 이미지 처리 역시 JPEG모드로 촬영해 포토샵에서 평균 합성하는 방식으로 단계적으로 고감도 장노출로 인한 거친 사진의 노이즈를 줄여 나간다.

Equatorial: RA: 18h 04m 41s Dec: -24°22′47″(M8)
Equatorial: RA: 18h 03m 11s Dec: -23°01′49″(M20)
장소 2006년 5월 강원도 횡성군 덕초현 나다 제1 천문대
망원 렌즈 일본 캐논 EF200밀리미터 F1.8L(F2.5)
적도의 일본 다카하시 EM200TemmaPC
카메라 일본 캐논 EOS 5D
총 노출 25분

**석호성운과 삼렬성운**

이미지 처리는 RGB 각 색 정보 채널을 분해해서 각기 합성해 커브 레벨 처리하고 다시 RGB합성하고 L채널은 R채널과 G채널을 4:6정도로 합성해서 사용을 했다. 기온이 아직 낮다고는 하나 노이즈는 기대 이상으로 적었다. 다크와 플랫은 처리하지 않았다.

| | |
|---|---|
| 장소 | 2006년 5월 강원도 횡성군 덕초현 나다 제1 천문대 |
| 망원 렌즈 | 일본 캐논 FD300밀리미터 F2.8L(F4.1) |
| 적도의 | 미국 아스트로피직스 1200GTO |
| 카메라 | 일본 캐논 EOS 20D – Lowpass filter 개조 |
| 총 노출 | 40분 |

**삼렬성운**

모양과 색감의 대비로 유명한 대상이다. 하지만 ST-10XE 카메라의 블루밍 때문에 처리에 애를 먹었다.

| | |
|---|---|
| 장소 | 2005년 3월 강원도 횡성군 덕초현 천문인 마을 나다 제1천문대 |
| 망원경 | HOBYM 292FN 자작 12인치 사진용 반사 망원경 |
| 적도의 | 미국 아스트로피직스 1200GTO |
| 카메라 | 미국 SBIG ST-10XE(-20도) + CFW8a |
| 총 노출 | 70분 |

카시오페이아자리의 NGC281은 발광 성운으로 이곳에서 9500광년 떨어진 곳에 위치합니다. 마치 그 모양이 오래전 게임인 팩맨과 비슷하다고 해서 팩맨성운으로 불립니다. 북쪽 은하수에 속해 있는 이 대상은 보통 안시 관측이 불가능하다고 알려져 있지만 예전에 개기 일식 여행으로 간 중국 서부의 투루판에서 쌍안경으로 관측할 수 있었습니다.

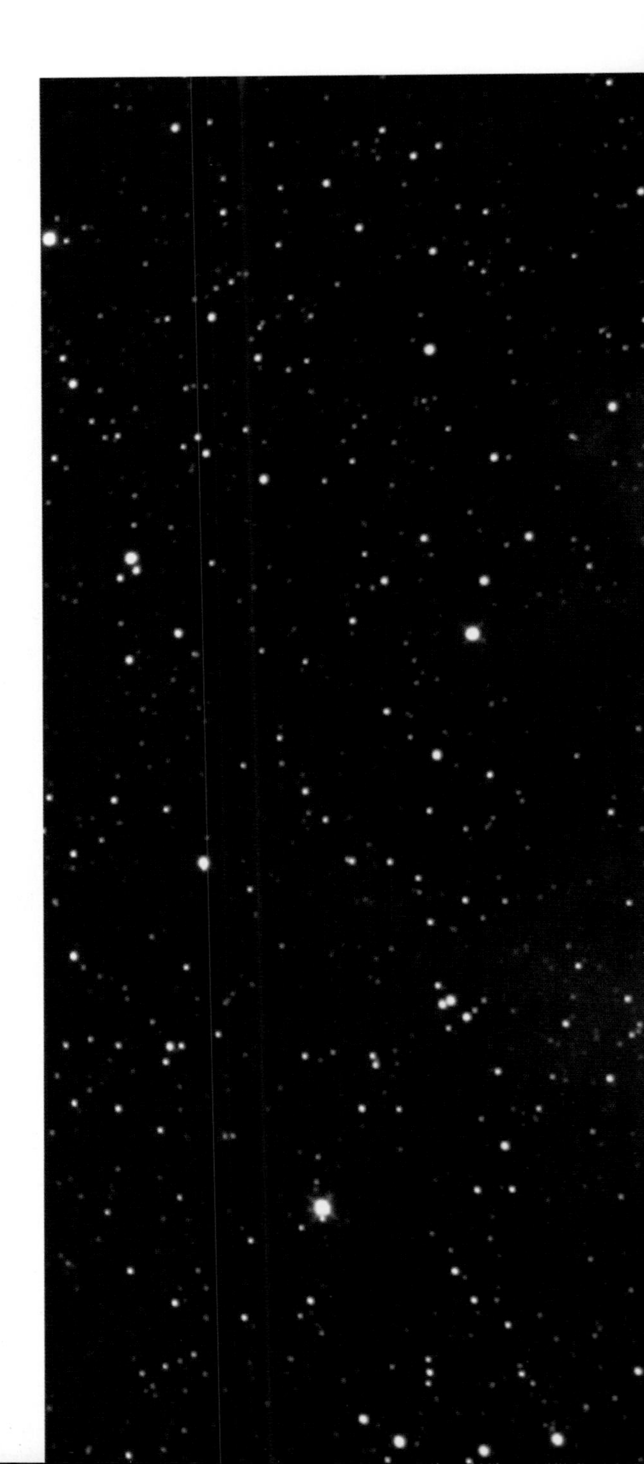

**NGC281 팩맨성운**

팩맨성운은 Hα를 촬영해 성운의 세부 표현이 가능한 대상이다. 중간의 암흑 성운과 성단의 별들을 각기 두드러지게 보이게 했다.

Equatorial RA: 00h 53m 49s Dec: +56°41′56″

| | |
|---|---|
| 장소 | 2009년 10월 충청남도 아산시 송악면 호빔 천문대 |
| 망원경 | 한국 아스트로드림테크 Kastron Alpha-250CA |
| 적도의 | 일본 다카하시 EM500 Type III |
| 카메라 | 미국 QSI 583WSG(-25도) |
| 총 노출 | 100분 |

이곳에서 1만 1000광년 거리의 카시오페이아자리의 발광 성운인 NGC7635는 중앙 부분의 둥그런 모양으로 인해 거품성운(Bubble Nebula)으로 불립니다. 그 옆 산개 성단 M52는 안시 관측 시 영롱하고 다양한 색 대비를 느낄 수 있는 성단으로 북쪽 은하수 속에서 빛을 발합니다. 쌍안경으로 충분히 관측 가능한 산개 성단인 M52는 겨울밤 북쪽 하늘의 주 관측 대상 중 하나입니다. 직접 만든 사경 없는 사진용 반사 망원경과 컬러 CCD 카메라의 조합과 몽골의 어두운 하늘은 아주 좋은 조합을 보여 줍니다.

**거품성운와 M52 지역**

Equatorial RA: 23h 21m 22s Dec: +61°17′20″

장소 2006년 5월 강원도 횡성군 덕초현 나다 제1 천문대

망원 렌즈 일본 캐논 FD300밀리미터 F2.8L(F4.1)

적도의 미국 아스트로피직스 1200GTO

카메라 일본 캐논 EOS 20D – Lowpass filter 개조

총 노출 40분

**NGC7635 거품성운과 M52 산개 성단**

Hα필터를 사용하지 않은 사진으로 자연스러운 별색의 발현에 중점을 두어 처리했다. 거품성운의 폭넓은 표현이 부족한 대신 얻은 결과이다.

| | |
|---|---|
| 장소 | 2011년 10월 몽골 준모드 농장 |
| 망원경 | 한국 아스트로드림테크 Kastron Alpha-250CAT |
| 적도의 | 한국 아스트로드림테크 MorningCalm 300GE |
| 카메라 | 중국 QHY10 |
| 총 노출 | 80분 |

**NGC7635 거품성운**

여러 날에 걸쳐 촬영을 시도했고 어렵게 찍은 사진이지만 하늘의 투명도가 좋지 않다. 일본 쪽으로 상륙했다는 태풍의 영향이다. 돌이켜보면 인연이 없는 대상일지도 모르겠다.

| | |
|---|---|
| 장소 | 2009년 10월 충청남도 아산시 송악면 호빔 천문대 |
| 망원경 | 한국 아스트로드림테크 Kastron Alpha-250CA |
| 적도의 | 일본 다카하시 EM500 TypeII |
| 카메라 | 미국 QSI 583WSG |
| 총 노출 | 210분 |

사냥개자리에 있는 M3은 시직경과 밝기 면에서 북반구의 중요 구상 성단 중 하나입니다. 헤라클레스자리의 M13보다는 작고 어둡지만 어두운 하늘에서 맨눈으로 확인 가능한 천체입니다. 물론 망원경으로 관측하면 별들이 분해되며 장관인 모습을 연출합니다.

**M3**

구상 성단은 별들을 하나하나 살리면서 전체적인 계조 차이를 자연스럽게 조정하는 것에 역점을 두고 디지털 현상을 한다.

Equatorial RA: 13h 42m 52s Dec: +28°18′07″

| | |
|---|---|
| 장소 | 2005년 1월 강원도 횡성군 덕초현 천문인 마을 나다 제1천문대 |
| 망원경 | HOBYM 292FN 자작 12인치 사진용 반사 망원경 |
| 적도의 | 미국 아스트로피직스 1200GTO |
| 카메라 | 미국 SBIG ST-10XE(-40도) + CFW8a |
| 총 노출 | 29분 |

우리나라에서 땅꾼자리라고도 불리는 뱀주인자리에 위치한 대표적인 구상 성단 M10은 이곳에서 1만 4300광년이나 먼 곳에 위치합니다. 구상 성단들은 주로 우리 은하 외곽에 위치합니다.

**M10**

상대적으로 계조 차이가 큰 성단들은 비교적 짧은 노출만으로도 많은 별들을 촬영해 현상하는 것이 가능하다.

Equatorial RA: 16h 57m 55s Dec: -04°07′13″

| | |
|---|---|
| 장소 | 2005년 3월 강원도 횡성군 덕초현 천문인 마을 나다 제1천문대 |
| 망원경 | HOBYM 292FN 자작 12인치 사진용 반사 망원경 |
| 적도의 | 미국 아스트로피직스 1200GTO |
| 카메라 | 미국 SBIG ST-10XE(-30도) + CFW8a |
| 총 노출 | 25분 |

날개가 달린 듯한 투구 모양의 이 성운의 애칭은 토르의 투구(Thor's Helmet)입니다. 큰개자리에 위치한 NGC2359는 지구에서 1만 5000광년 거리로 가로 폭은 30광년에 이르는 큰 크기의 성운입니다. 사진에 보이는 청록색 빛은 불타오르고 있는 가스 내의 산소 원자로 인해 강력한 복사가 발생하면서 만들어진 것입니다.

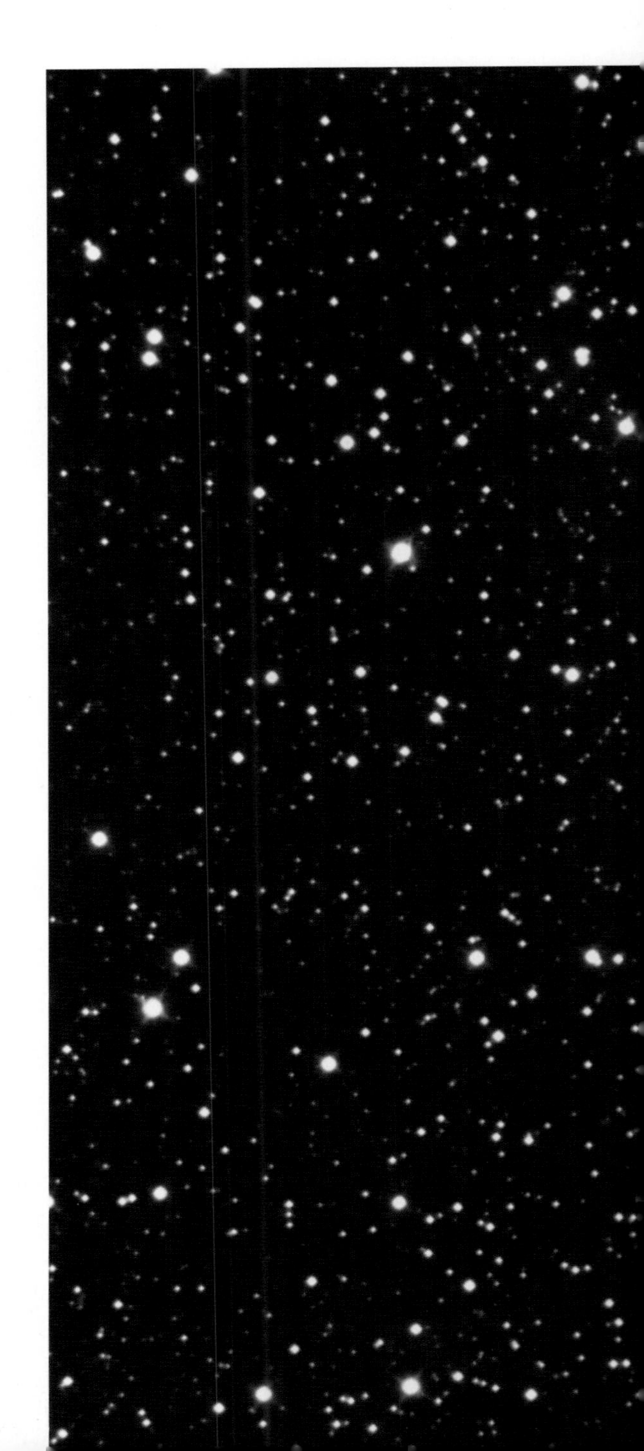

**NGC2359 토르의 투구**

재미있고 아름다운 대상이다. 많이는 촬영했으나 구름이 지난 것을 빼고 나니 남는 컷이 별로 없었다. 촬영하면서 보니 어떤 이유에서인지 좌측 상단의 별들이 쳐졌다. 잘 살펴보니 접안체 나사 하나가 잘 조여지지 않아 CCD 카메라가 광로와 직각을 이루고 있지 않아서 였다.

Equatorial RA: 07h 19m 10s Dec: -13°15′27″

장소 2005년 3월 강원도 횡성군 덕초현 천문인 마을 나다 제1천문대

망원경 HOBYM 292FN 자작 12인치 사진용 반사 망원경

적도의 미국 아스트로피직스 1200GTO

카메라 미국 SBIG ST-10XE(-30도) + CFW8a

총 노출 60분

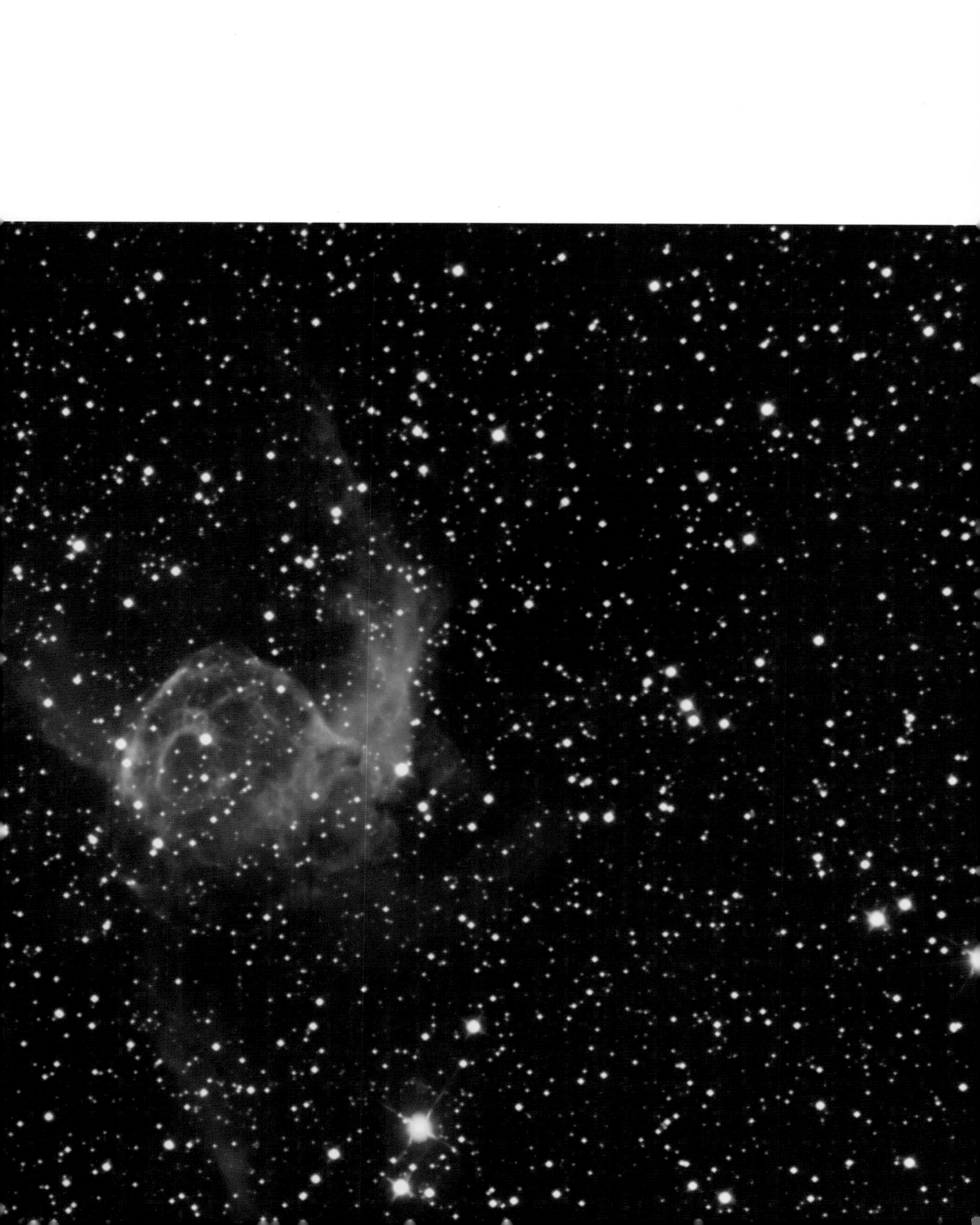

1714년 에드먼드 핼리가 발견한 헤라클레스 대성단(M13, NGC 6205)은 헤라클레스자리에 있는 구상 성단입니다. 북반구 최대 규모로서 어두운 하늘에서 맨눈으로 존재를 확인할 수 있으며 구경 20센티미터 정도의 망원경이면 시상이 안정되어 있을 때 중앙부를 분해해 관측할 수 있습니다. 헤라클레스 대성단은 지구에서 2만 5100광년 떨어져 있으며, 겉보기 등급은 5.8등급입니다. 시직경은 23분으로 75광년 정도의 크기입니다.

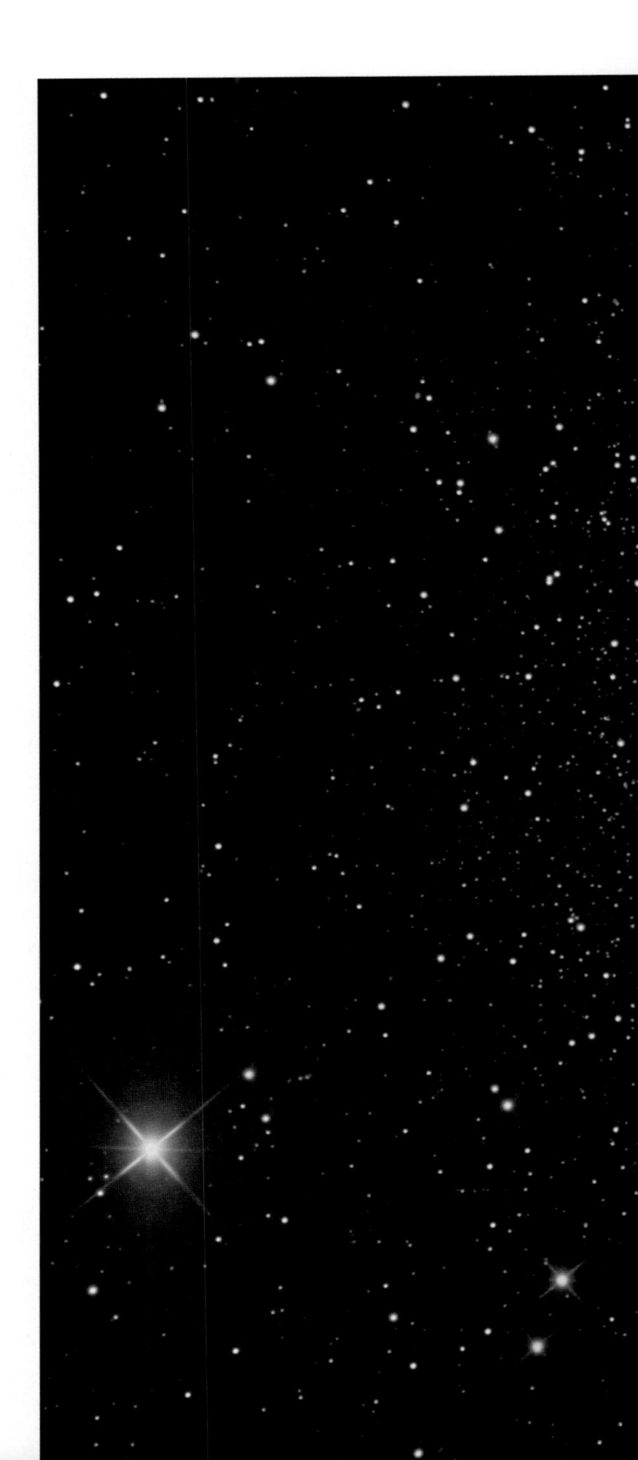

**M13**

투명도가 좋지 않은 날에는 아산의 광해가 하늘의 많은 면적을 못 쓰게 만들어 버린다. 이미지 처리를 하면서 느낀 것이지만 밝은 별의 보정 렌즈의 회절 모습이 중앙부에 몰려 있는 것을 볼 수 있었다. 보정 렌즈와 감광면까지 거리가 맞지 않아 보정이 과하게 되었다. 투명도 안 좋은 날의 특징으로 색 정보가 부족한 것이 확연히 드러난다.

Equatorial: RA: 16h 42m 13s Dec: +36°25′53″

| | |
|---|---|
| 장소 | 2009년 3월 충청남도 아산시 송악면 호빔 천문대 |
| 망원경 | 일본 미카게 350 뉴턴식 반사 망원경 |
| 적도의 | 일본 미카게 350식 독일식 적도의 |
| 카메라 | 미국 SBIG STL-11000(-40도) |
| 총 노출 | 110분 |

4

# 외부 은하

최근 100년 동안 인간은 엄청난 속도로 과학 문명을 발달시켜 왔습니다. 그리고 불과 수십 년 전, 외계로 인간의 존재를 알리는 정보를 담아 보냅니다. 전파 신호는 50광년쯤 갔을 것이고 탐사선은 태양계 거의 끝에 도달했습니다. 우리 은하에는 1000억 개의 별들이 있습니다. 우리 은하의 지름은 1초에 30만 킬로미터의 속도를 가진 빛으로도 10만 년을 가야 할 정도입니다.
우리 은하에서 가장 가까운 은하는 빛의 속도로 220만 년을 가야 합니다. 그렇게 은하의 밀도가 낮은 이 우주 공간에 대략 1000억 개의 은하가 존재합니다. 우리는 비록 우주의 변방에 있는 노란 별 태양의 행성 지구에서 아주 작은 망원경으로 사진을 찍습니다. 200만 년, 2000만 년, 또는 1억 년이 넘게 여행해 지구까지 겨우 도달한 미약한 빛을 말입니다. 그 작은 빛 속에 장대한 우주의 서사시가 담겨 있습니다. 제게 망원경은 작은 우주선이나 타임머신과도 같답니다. 그럼 이제 우리 은하의 밖으로 여행을 떠나 봅니다.

우리 은하입니다. 우주에 있는 대략 1000억 개나 되는 은하 중 하나입니다. 크기로 보나 별의 개수로 보나 생긴 모양으로 보나 정말 특별할 것이 없는 은하입니다. 우리가 이 은하를 온전히 볼 수 있는 곳은 남반구의 하늘에서 정해진 시기뿐입니다. 서호주의 맑은 하늘과 은하수, 그리고 확연히 보이는 황도광. 이곳에서 천체 사진을 촬영합니다. 어떤 우주 비행사도 어떤 SF의 영화 주인공도 부럽지 않습니다. 우주와 천체에 빠져 살아 온 40여 년의 세월은 이 순간을 위해 존재하는 듯합니다. 자리를 깔고 누워 하늘을 보면 우리 은하의 중심에서 3만 광년 떨어진 작은 항성 태양의 푸른 행성 지구 위에 있는 그저 나 인간일 뿐입니다. 그저 우주를 느끼고 있는 나 …….

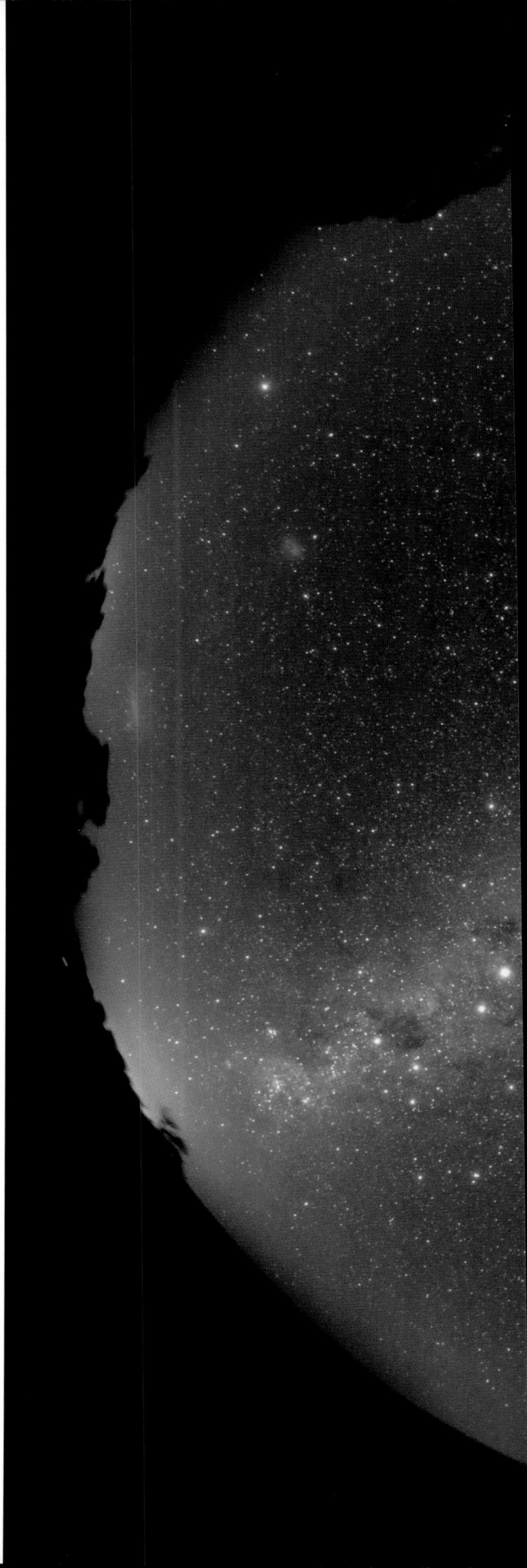

**은하수**

남십자에서 북십자(백조자리)까지 이 시기의 오스트레일리아에서는 새벽에 온전히 우리 은하를 관망할 수가 있다. 렌즈는 180도를 촬영할 수 있는 렌즈로 후면에 약한 안개 필터를 이용해 밝은 별이 크게 찍히도록 했다. 3분짜리 사진 두 장을 합성했다.

| | |
|---|---|
| 장소 | 2012년 4월 서호주 와디팜 리조트 |
| 렌즈 | 일본 캐논 EF 8-15 Fish-eye F4L |
| 적도의 | 한국 아스트로드림테크 비틀 Proto type I |
| 카메라 | 일본 캐논 5D Mark III |
| 총 노출 | 9분 |

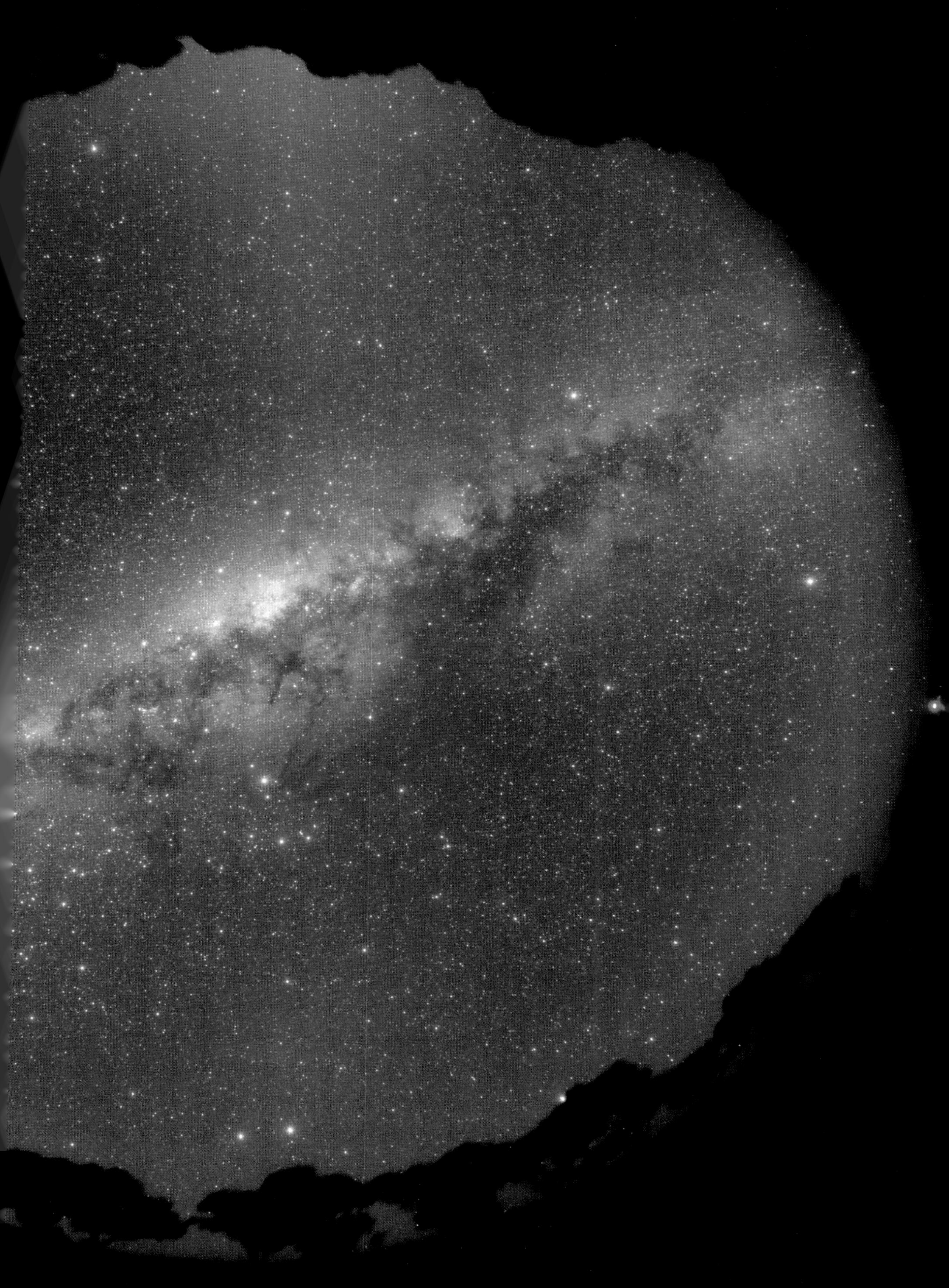

난쟁이은하(Dwarf Galaxy)인 소마젤란성운(Small Magellanic Cloud, SMC)은 대마젤란성운과 마찬가지로 이곳에서 20만 광년 거리에 위치해 있는 우리 은하의 부속 은하입니다. 지름은 7000광년에 이르며 수억 개의 별들로 이루어져 있습니다.

**NGC292 소마젤란성운**

눈으로도 화려하게 보이는 소마젤란성운이다. 우리 은하의 식구이기는 하지만 참 특이한 대상이라는 것 외에는 별 매력을 못 느꼈던 대상이다. 수십억 년 전에는 어떤 모습이었을까 궁금하다.

Equatorial RA: 00h 53m 04s Dec: -72°44′00″

| | |
|---|---|
| 장소 | 2006년 11월 오스트레일리아 아이반호 |
| 렌즈 | 일본 캐논 FD300 2.8L |
| 적도의 | 일본 다카하시 EM 11Temma2Jr. |
| 카메라 | 미국 SBIG ST-10XE(-15도) + CFW10 |
| 총 노출 | 175분 |

안드로메다은하는 지구의 북반구에서 관측 가능한 은하 중 가장 크고 밝은 은하입니다. 그도 그럴 것이 우리 은하와 많이 닮았고 또한 지구와 가장 가까운 은하이기 때문입니다. 가깝다고는 하지만 빛의 속도로 약 220만 년을 가야 도착할 수 있는 곳입니다. 실제 사진에서 보는 바와 같이 많은 성단과 붉은 성운들이 관측 가능합니다. 안시 등급은 3~5등급이니 기상 조건이 좋고 달이 없는 날이면 맨눈으로도 뿌옇게 볼 수 있으며 쌍안경으로 보면 핵과 핵을 감싸 안은 나선팔을 관측할 수 있습니다.

**M31 안드로메다은하**

지금까지 찍은 천체 사진 중에 가장 긴 노출의 사진이다. 투명도가 좋지 못한 시기의 사진이고 해서 100퍼센트 만족할 수는 없지만 역시 장노출에 의한 정보량의 증가가 어느 정도로 이미지에 영향을 미치는지 알게 되었다. 색 정보는 충분한 듯해서 다음에는 날 좋을 때 L채널만 추가로 더 촬영해 보아야겠다. 안개와 구름과 씨름하며 근 10일 가까이 촬영한 이미지 중 선별해 디지털 현상을 했다. 단초점 굴절 망원경으로 안드로메다를 또다시 촬영할 일은 없을 것 같다.

Equatorial RA: 00h 43m 31s Dec: +41°20′46″

| | |
|---|---|
| 장소 | 2008년 10월 충청남도 아산시 송악면 호빔 천문대 |
| 망원경 | 일본 다카하시 FSQ-106 |
| 적도의 | 일본 다카하시 EM11 TemmaPCJr. |
| 카메라 | 미국 SBIG STL-11000(-20) |
| 총 노출 | 20시간 |

먼 은하의 행성에 고등 문명체가 살고 있어서 망원경으로 우주를 관측할 수 있다면 안드로메다와 우리가 속해 있는 은하, M33, 그리고 남반구에서 볼 수 있는 마젤란은하는 옹기종기 모여 있는 은하군처럼 보일 것입니다. 우주 속 우리 은하의 주소는 처녀자리 초은하단 처녀자리 은하단 국부 은하군입니다. 안드로메다은하에서는 매년 25~30개의 신성(新星)이 관측되며, 수백 개의 산개 성단과 약 100개의 구상 성단도 관측됩니다. 은하의 회전 속도는 초속 280킬로미터이며, 시선 속도는 -275킬로미터이므로 초속 275킬로미터의 속도로 우리에게 접근하고 있습니다.

▲ **안드로메다은하의 NGC206**
천체 사진가 입장에서 대구경 망원경으로 하는 사진 촬영은 훨씬 먼 곳까지 가는 우주선 같아서 좀 더 자세한 모습의 사진을 잡아낼 수가 있다. 언젠가 구경 1미터급의 망원경으로 안드로메다은하 안의 성운 성단들을 촬영하는 모습을 꿈꾸어 본다.

| | |
|---|---|
| 장소 | 2006년 9월 강원도 횡성군 덕초현 천문인 마을 나다 제1천문대 |
| 망원경 | 한국 아스트로드림테크 Kastron 380DS 사진용 반사 망원경 |
| 적도의 | 미국 아스트로피직스 1200GTO |
| 카메라 | 미국 SBIG ST-10XE(-15도) + CFW10 |
| 총 노출 | 35분 |

◀ **안드로메다은하**
시상이 좋아서 천문대의 6인치 굴절 망원경으로 목성을 즐겁게 관측했던 기억이 난다. 별상은 아주 작게 떨어져 섬세한 사진을 예상케 했으나 역시 투명도와 이슬이 문제였다. 이런 빠른 시스템으로 고도 높고 어두운 지역에서 찍어 보면 어떨까 생각해 본다.

| | |
|---|---|
| 장소 | 2011년 9월 충청남도 아산시 송악면 호빔 천문대 |
| 망원경 | 한국 아스트로드림테크 Kastron Alpha-250CA |
| 적도의 | 한국 아스트로드림테크 MorningCalm 500GE |
| 카메라 | 미국 QSI 583WSG |
| 총 노출 | 110분 |

삼각자리에서 찾을 수 있는 M33은하(Triangulum Galaxy)는 지구에서 약 300만 광년 떨어져 있습니다. 우리 은하가 속해 있는 국부 은하군에서 안드로메다은하에 이어 세 번째로 큰 은하입니다. 하늘이 좋을 때면 안드로메다은하에서 멀지 않은 곳에서 이 소용돌이 은하를 찾을 수 있습니다. 하늘이 어두운 곳에서는 맨눈으로도 볼 수 있는 대상입니다.

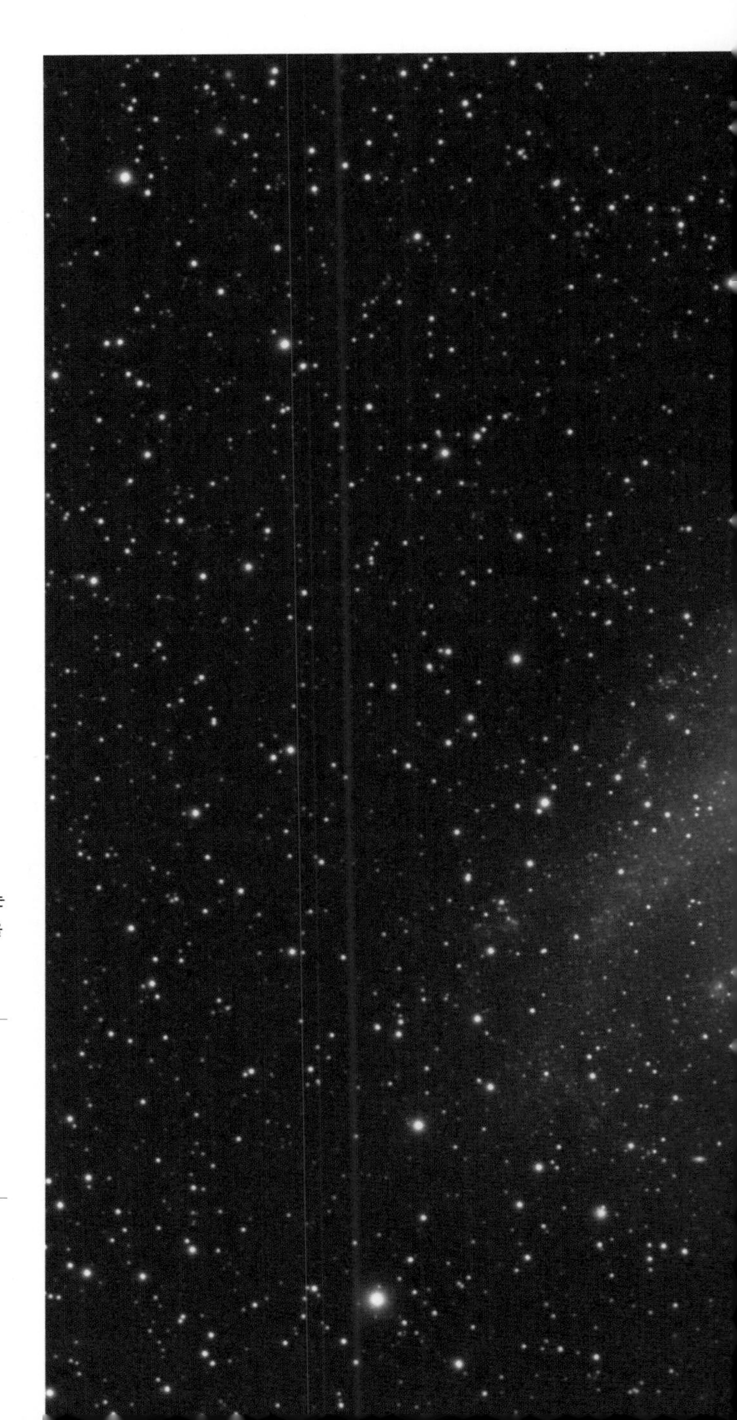

**M33**

이틀에 걸쳐 촬영한 사진이다. 이 은하는 예전부터 사진 대상으로는 그다지 큰 매력을 느끼지 못하고 있었다. 처리에 많은 고민과 과정을 거쳤다. 중앙의 암흑대를 살려 평면적인 느낌보다는 나선팔과 팽대부의 볼륨감을 강조함으로써 은하답게 표현하고자 했다.

Equatorial RA: 01h 34m 40s Dec: +30°43′47″

장소 2008년 11월 충청남도 아산시 송악면 호빔 천문대

망원경 일본 펜탁스 125SDHF

적도의 일본 펜탁스 MS-5

카메라 중국 QHY-8 Color CCD

총 노출 340분

기린자리에 위치한 IC342 은하는 약 1000만 광년 거리에 위치해 있습니다. 정면으로 위치한 덕분에 시야상에서 별의 밀도가 낮아 안시 관측이 쉽지 않은 대상으로 어두운 하늘에서 구경 30센티미터급으로 중앙부의 농담이 확인 가능한 정도입니다. 은하의 나선팔은 배경 하늘과 계조 차이가 적어 사진 촬영으로도 표현해 내는 것이 쉽지 않은 대상입니다.

**IC342**

이 사진은 찍는데 CCD가 천천히 접안부에서 중력 방향으로 미끄러져 사진의 주변 별상이 이상한 사진이 되었다. 시직경은 크지만 정면 은하이며 어두워서 은하의 전형적인 모습을 살리기 위해서는 대구경 망원경을 사용해야 한다.

Equatorial RA: 03h 48m 11s Dec: +68°08′26″

| | |
|---|---|
| 장소 | 2006년 9월 강원도 횡성군 덕초현 천문인 마을 나다 제1천문대 |
| 망원경 | 한국 아스트로드림테크 Kastron 380DS 사진용 반사 망원경 |
| 적도의 | 미국 아스트로피직스 1200GTO |
| 카메라 | 미국 SBIG ST-10XE(-15도) + CFW10 |
| 총 노출 | 95분 |

M81은 큰곰자리에 위치한 은하로 지구에서 1180만 광년 거리에 위치합니다. 지름은 7만 광년 정도이며 아름다운 나선팔이 있습니다. 20센티미터 구경의 망원경으로도 중심부를 쉽게 관측할 수 있으며 주변의 나선팔은 구경 30센티미터 이상의 망원경으로 어두운 하늘이면 관측이 가능합니다. 겨울과 봄 사이에 관측 가능한 대표적인 은하 중 하나입니다.

**M81, M82**

5인치급의 굴절 망원경이 은하 사진에서 위력을 발휘할 수 있을까 하는 기우를 날려 버린 사진이다. 높은 정밀도로 연마된 굴절 망원경은 차폐가 없는 이유로 콘트라스트가 강해서 디테일 표현력이 좋다. 두 마리 토끼를 잡을 수 있는 5인치 고정도 망원경은 천체 사진가에게는 보물 같은 존재이다.

| | |
|---|---|
| M81 | Equatorial: RA: 09h 56m 45s Dec: +68°59′58″ |
| 장소 | 2006년 9월 강원도 횡성군 덕초현 천문인 마을 나다 제1천문대 |
| 망원경 | 일본 펜탁스 125SDHF |
| 적도의 | 미국 아스트로피직스 1200GTO |
| 카메라 | 미국 SBIG ST-10XE(-15도) + CFW10 |
| 총 노출 | 95분 |

M82은 역시 큰곰자리의 은하로 M81과는 30만 광년 정도 떨어져 있습니다. 지름은 약 2만 5000 광년으로 비교적 크기가 작은 은하입니다. 지구에서 거리는 1150만 광년입니다. 찬드라 엑스선 관측기는 M82의 중심에서 600광년 떨어진 곳에서 출렁이는 엑스선 방출 현상을 포착했습니다. 천문학자들은 이러한 현상의 원인이 태양 질량의 200~5000배에 이르는, 중간 질량 블랙홀(처음으로 밝혀짐) 때문인 것으로 추측하고 있답니다.

**M82**

최근 초신성 폭발로 주목을 받은 은하로서 중심부의 이온화된 수소 가스 방출은 생성 과정에서 두 은하가 충돌하는 과정에서 형성된 것으로 보인다. *Hα* 필터로 촬영한 것과 함께 디지털 현상을 하면 사진에서처럼 근적외선 영역의 가스 분출 모습을 잡아낼 수 있다.

| | |
|---|---|
| 장소 | 2006년 9월 강원도 횡성군 덕초현 천문인 마을 나다 제1천문대 |
| 망원경 | 한국 아스트로드림테크 Kastron 380DS 사진용 반사 망원경 |
| 적도의 | 미국 아스트로피직스 1200GTO |
| 카메라 | 미국 SBIG ST-10XE(-40도) + CFW10 |
| 총 노출 | 190분 |

남쪽소용돌이은하라고도 불리는 M83은 분류상 막대 나선 은하입니다. 북반구에서는 고도가 낮아 섬세한 사진 촬영이 쉽지 않은 대상입니다. 지금껏 꽤 많은 신성이 발견되었으며 날이 투명하고 어두우면 쌍안경으로도 그 존재를 확인할 수 있습니다.

**M83**

초점이 완벽히 맞지 않은 상태에서 촬영하기에는 남쪽 하늘에 낮게 뜨는 대상은 쉽지가 않다. 개인적으로 좋아하는 막대 나선 은하 중 큰 대상 중 하나이다.

Equatorial RA: 13h 37m 51s Dec: -29°56′26″

장소 2005년 2월 강원도 횡성군 덕초현 천문인 마을 나다 제1천문대

망원경 HOBYM 292FN 자작 12인치 사진용 반사 망원경

적도의 미국 아스트로피직스 1200GTO

카메라 미국 SBIG ST-10XE(-30도) + CFW8a

총 노출 122분

M94는 사냥개자리에 있는 나선 은하입니다. 사냥개자리에 있는 4개의 은하 중 하나입니다. 지구에서 거리는 약 1600만 광년입니다. 천문대급 대구경 망원경에서는 주변부의 고리를 추가로 확인할 수 있습니다. 물론 20센티미터급의 천체 망원경으로 중심부의 농담(濃淡) 관측이 가능합니다.

**M94**

은하 사진의 성패는 광학계의 정교한 정렬과 시상이 좌우하는 듯싶다.

Equatorial RA: 12h 51m 35s Dec: +41°02′29″

| | |
|---|---|
| 장소 | 2005년 12월 강원도 횡성군 덕초현 천문인 마을 나다 제1천문대 |
| 망원경 | 한국 아스트로드림테크 Kastron 380DS 사진용 반사 망원경 |
| 적도의 | 미국 아스트로피직스 1200GTO |
| 카메라 | 미국 SBIG ST-10XE(-40도) + CFW10 |
| 총 노출 | 125분 |

전형적인 소용돌이 은하인 M101은 큰곰자리에 위치합니다. 2011년에는 초신성이 발견되기도 했습니다. 시직경은 크지만 정면 은하의 특징으로 별의 밀도가 시각적으로 낮아 어둡게 보입니다. 안시 관측에서는 핵이 쉽게 확인되며 나선팔은 14인치 이상의 대구경이 아니면 쉽게 관측되지 않습니다.

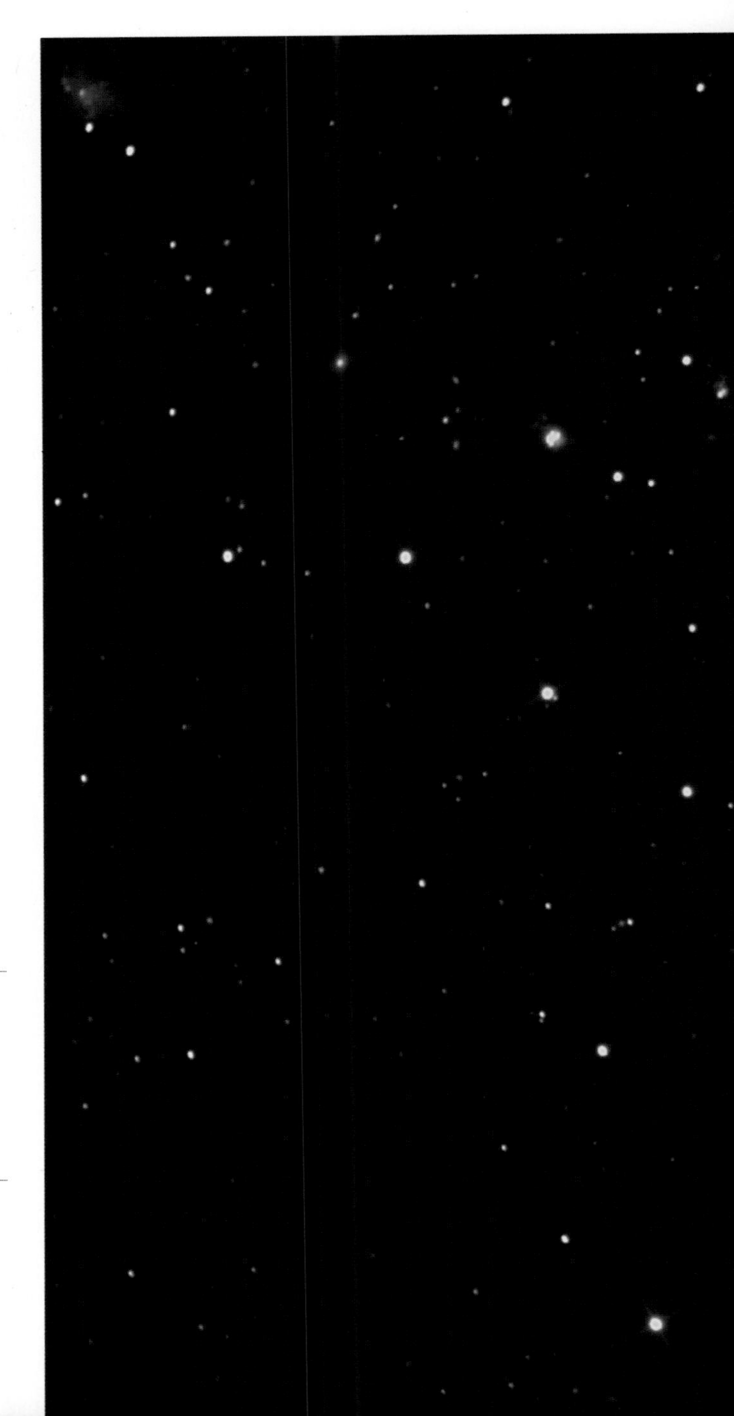

**M101**

팽대부의 넓은 영역의 처리가 쉽지 않은 대상이다. H*α* 영역이 많이 보인다.

Equatorial RA: 14h 03m 44s Dec: +54°16′43″

| | |
|---|---|
| 장소 | 2005년 2월 강원도 횡성군 덕초현 천문인 마을 나다 제1천문대 |
| 망원경 | HOBYM 292FN 자작 12인치 사진용 반사 망원경 |
| 적도의 | 미국 아스트로피직스 1200GTO |
| 카메라 | 미국 SBIG ST-10XE(-30도) + CFW8a |
| 총 노출 | 92분 |

M51 부자(父子)은하는 두 은하가 중력에 이끌려 가까이 붙어 있는 상호 작용 은하입니다. 나선팔이 뚜렷한 소용돌이은하(Whirlpool Galaxy, M51a, NGC 5194)는 사냥개자리에 있는 나선 은하이며, 동반 은하(M51b, NGC 5195)는 20센티미터급 망원경으로 관측이 가능합니다. 시상이 안정되어 있을 경우 나선팔의 관측이 가능합니다. 지구에서 2300만 광년 떨어져 있으며, 2005년에 나타난 초신성 SN2005cs 덕분에 지구와의 거리를 더 정확히 알 수 있게 되었습니다.

**M51 부자은하**

15인치로 그동안 찍으면서 노출을 가장 많이 준 사진이다. 4시간 넘게 준 만큼 이미지 처리에 여유가 있었다. 어두운 부분을 많이 표현하기보다는 은하 중심부 디테일 표현에 역점을 두었다. 아마도 노출을 더 준다면 중심부 디테일부터 어두운 영역까지 표현이 훨씬 자유스러웠을 것이다. 한 컷당 5분보다는 약 7분에서 10분씩 찍어 처리하는 것이 더 나을 것 같다. 새 15인치 망원경은 12인치 때보다는 훨씬 성능 좋은 우주선인 셈이다. 물론 시상이 따라 주는 날이 12인치보다는 훨씬 덜하지만 말이다. 별상이 동그랗지 않은 것은 기온이 너무 떨어져 미러 측면 지지대가 주경을 압박하면서 스트레스를 받은 것이 원인이다. 현재는 약간 여유를 둬서 좋아졌지만 섭씨 -25도 이하에서는 어떨지 모르겠다. 시상이 아주 좋아서 행성이 정말 잘 보였던 날이다.

Equatorial RA: 13h 30m 30s Dec: +47°07′10″

| | |
|---|---|
| 장소 | 2005년 12월 강원도 횡성군 덕초현 천문인 마을 나다 제1천문대 |
| 망원경 | 한국 아스트로드림테크 Kastron 380DS 사진용 반사 망원경 |
| 적도의 | 미국 아스트로피직스 1200GTO |
| 카메라 | 미국 SBIG ST-10XE(-40도) + CFW10 |
| 총 노출 | 250분 |

검은눈은하(Black Eye Galaxy, 잠자는 미녀 은하, M64, NGC 4826)는 봄철 은하들의 보고인 머리털자리에 있는 나선 은하 중 그 특징이 뚜렷해서 유명한 은하입니다. 검은눈은하는 은하 중심부를 둘러싼 밀도 높은 암흑 물질들이 마치 눈처럼 보이기 때문에 붙은 이름입니다. 배경과의 계조 차이가 커서 20센티미터급 망원경으로도 이 은하의 특징적인 암흑 물질을 관찰할 수 있습니다. 지구에서 약 2400만 광년 거리에 위치해 있으며 지름은 6만 5000광년입니다.

**M64 검은눈은하**

중심부 암흑대의 디테일을 살리는 데 역점을 두고 처리했다. 역시 15인치급의 대형 망원경의 능력을 보여 주는 사진으로 노출 또한 주어 되도록 많은 정보량을 얻도록 했다.

Equatorial RA: 12h 57m 27s Dec: +21°36′12″

| | |
|---|---|
| 장소 | 2005년 12월 강원도 횡성군 덕초현 천문인 마을 나다 제1천문대 |
| 망원경 | 한국 아스트로드림테크 Kastron 380DS 사진용 반사 망원경 |
| 적도의 | 미국 아스트로피직스 1200GTO |
| 카메라 | 미국 SBIG ST-10XE(-40도) + CFW10 |
| 총 노출 | 210분 |

메이저은하(Maser Galaxy, Seyfert II Galaxy, NGC 4258, M106)는 사냥개자리에 있는 나선 은하로서 지구에서 2370만 광년 떨어져 있습니다. 알 수 없는 원인의 나선팔로 주목을 받고 있는 은하입니다. 나선팔은 사진에서도 보이듯이 산광 성운 등으로 이루어져 있으며 은하의 지름은 3만 광년입니다. 사진의 오른쪽의 NGC4217은 메이저 은하와 공전하는 위성 은하입니다.

**M106**

비대칭으로 퍼져 있는 나선팔이 배경과 구분되도록 이미지 처리를 했다. 핵 주변의 붉고 푸른 성운이 인상적이다.

Equatorial RA: 12h 19m 42s Dec: +47°13′32″

| | |
|---|---|
| 장소 | 2006년 1월 강원도 횡성군 덕초현 천문인 마을 나다 제1천문대 |
| 망원경 | 한국 아스트로드림테크 Kastron 380DS 사진용 반사 망원경 |
| 적도의 | 미국 아스트로피직스 1200GTO |
| 카메라 | 미국 SBIG ST-10XE(-40도) + CFW10 |
| 총 노출 | 180분 |

솜브레로은하(Sombrero Galaxy) 또는 M104, NGC4594는 처녀자리에 위치한 정상 나선 은하로, 지구에서 2930만 광년 떨어져 있습니다. 시커먼 먼지와 커다란 팽대부 때문에 멕시코 목동의 모자인 솜브레로처럼 보여서 이런 이름이 붙었습니다. 본래 천문학자들은 솜브레로은하의 헤일로가 작고 가볍다고 추측했습니다. 우리나라 하늘에서는 낮게 뜨지만 어두운 하늘에서는 20센티미터급 망원경으로도 쉽게 관측할 수 있습니다.

**M104 솜브레로은하**

노출 부족이 아쉬운 사진이다. 고도가 약간 낮아 좋은 시상을 만나지 않으면 별 상이 크게 나오기 마련이다. 하지만 암흑대의 디테일이 살아 있는 것을 보면 시상은 나쁘지 않았나 보다.

Equatorial RA: 12h 40m 46s Dec: -11°42′11″

| | |
|---|---|
| 장소 | 2006년 1월 강원도 횡성군 덕초현 천문인 마을 나다 제1천문대 |
| 망원경 | 한국 아스트로드림테크 Kastron 380DS 사진용 반사 망원경 |
| 적도의 | 미국 아스트로피직스 1200GTO |
| 카메라 | 미국 SBIG ST-10XE(-40도) + CFW10 |
| 총 노출 | 80분 |

NGC4631은 사냥개자리에 위치한 아주 매력적인 측면 은하로서 모양 때문에 고래은하라고도 불립니다. 마치 고래가 새끼 고래와 함께 헤엄치는 모습과 유사합니다. 시직경이 작다고는 하나 내부에 산광 성운 등이 보입니다. 지구에서 약 3000만 광년 거리에 위치합니다.

**NGC4631**
시상이 좋아 짧은 노출로도 자세한 세부 은하의 모습을 잡아낼 수 있다.

Equatorial RA: 12h 42m 51s Dec: +32°27′40″

| | |
|---|---|
| 장소 | 2005년 4월 강원도 횡성군 덕초현 천문인 마을 나다 제1천문대 |
| 망원경 | HOBYM 292FN 자작 12인치 사진용 반사 망원경 |
| 적도의 | 미국 아스트로피직스 1200GTO |
| 카메라 | 미국 SBIG ST-10XE(-30도) + CFW8a |
| 총 노출 | 50분 |

사자자리에 위치한 막대 나선 은하인 NGC2903은 그 크기와 존재감이 대단합니다. 왜 메시에 목록에 들어가지 못했을까 하는 의구심이 들 정도로 멋진 은하입니다. 지구에서 약 3100만 광년 거리에 있습니다. 8인치급 망원경에서 중심부의 긴 막대 부분을 쉽게 관측할 수 있습니다.

**NGC2903**

화려한 색감의 중심부를 볼 수 있다. 중심부와 주위의 계조 차이가 커서 처리에 애를 먹었다.

Equatorial RA: 09h 32m 59s Dec: +21°25′59″

| | |
|---|---|
| 장소 | 2005년 11월 강원도 횡성군 덕초현 천문인 마을 나다 제1천문대 |
| 망원경 | 한국 아스트로드림테크 Kastron 380DS 사진용 반사 망원경 |
| 적도의 | 미국 아스트로피직스 1200GTO |
| 카메라 | 미국 SBIG ST-10XE(-25도) + CFW10 |
| 총 노출 | 70분 |

# 봄날의 바람골

호빔 천문대가 위치한 아산시 송악면 마곡리는 바람골이라고도 불릴 정도로 바람이 많은 곳입니다. 입춘이 지나면서 바람 부는 날이 많아지는데 이는 찬 공기와 따뜻한 공기의 세력 싸움의 결과입니다. 그로 인해 때때로 기압 배치가 바뀌며 하늘은 별을 보기 좋은 날을 선사해 주기도 한답니다. 별지기들에게는 봄을 시샘하는 동토의 삭풍이 그리 싫지만은 않은 이유입니다. 산으로 둘러싸인 천문대에서는 한겨울에도 많은 토착 생물들을 느끼고 보고 또 교감을 나눌 수 있는 기회가 있습니다. 바람 부는 날에는 멸종 위기 동물로 지정된 매나 황조롱이가 어김없이 나타납니다. 황조롱이가 나타나면 주인인 양 이곳에 사는 텃새인 까치 가족과 한바탕 싸움이 벌어지기도 합니다. 이 모든 것이 어둠 속에서 별을 보고 별 사진을 찍으면서 얻은 자연과의 교감입니다.

봄의 밤하늘은 초저녁을 지나 밤이 깊어져도 겨울이나 여름의 밤하늘처럼 화려하지도 않고 눈을 잡아끄는 큰 대상도 없습니다. 여름이나 겨울처럼 밝은 1등성이 많거나 은하수가 밤하늘을 가르거나 하지 않기 때문입니다. 봄의 밤하늘은 조용하고 잔잔합니다. 아직 해가 짧아 밤이 일찍 시작되는 봄에는 어둑해질 무렵이면 남쪽 하늘의 오리온자리를 대표로 하는 겨울 별자리가 서쪽으로 기울면서 봄의 전령인 별자리들이 떠오릅니다. 머리 위에는 마차부자리가 있고 그 뒤로 거대한 사자가 동쪽의 광덕산 동남쪽 능선 너머 앞발을 걸치고는 하늘을 지배하기 위해 올라옵니다.

그리스 신화에 따르면 네메아에 거대한 사자가 살았다고 합니다. 불사신이며 포악하고 한 번 포효하면 산천이 떨었다는 사자의 가죽은 어떠한 무기로도 뚫을 수 없었으며 네메아 사람들과 짐승들을 잡아먹는 공포의 대상이었습니다. 제우스의 외도로 태어난 헤라클레스를 싫어한 헤라는 네메아 지역의 왕인 에우리스테우스를 시켜 헤라클레스에게 사자를 없애라는 명을 내립니다. 사투 끝에 결국 사자를 목 졸라 죽인 헤라클레스는 그 가죽으로 갑옷을 만들어 입었고 제우스는 아들의 업적을 기리기 위해 사자자리를 별자리로 만듭니다.

황도 12궁 중의 하나인 사자자리는 우리가 있는 북반구의 하늘에서 봄날 밤하늘의 주인 노릇을 하기에 충분할 정도로 거대하며 웅장합니다. 사자자리의 앞발에 위치한 1.4등성의 알파별 레굴루스는 행성과 가까이 있는 때가 많아 예로부터 점성술사들이 많이 언급했습니다. 또 사자자리에는 우리 은하 밖 먼 우주 속의 은하들을 많이 찾아볼 수 있습니다. 날이 맑고 투명하다면 아이들과 망울놀이를 끝내고 밤하늘에서 포효하는 사자자리를 찾아보시기 바랍니다.

**▶▶ 사자자리 은하 삼형제**

중앙 차폐가 적은 장초점 뉴턴 반사 망원경의 섬세함이 사진에서도 느껴진다. 매력적인 은하군이다.

Equatorial RA: 11h 19m 42s Dec: +13°00′35″(M65)

장소 2009년 3월 충청남도 아산시 송악면 호빔 천문대

망원경 일본 미카게 350 뉴턴식 반사 망원경

적도의 일본 미카게 350식 독일식 적도의

카메라 미국 SBIG STL-11000(-30도)

총 노출 168분

사자자리의 대표적인 세 은하인 M65, M66, NGC3628, 비슷한 거리에 위치해 있으며 지구에서 3500만 광년 떨어져 있습니다.

사자자리에 있는 소은하 그룹인 사자자리 은하 삼형제(Leo Triplet)는 앞 쪽 사진 오른쪽 아래의 M65와 왼쪽 아래의 M66, 그리고 위에 있는 NGV3628로 구성되어 있으며 지구에서의 거리는 3500만~3600만 광년입니다. M66과 M65는 막대 나선 은하이고 NGC3628은 불규칙 은하입니다. 각기 다른 개성의 은하들이지만 가을밤 은하 관측의 백미라 할 수 있는 대상들입니다. 20센티미터급 망원경으로 80배 정도에서 충분히 안시 관측을 즐길 수 있습니다.

**M65, M66**

은하 내부의 성운 성단과 암흑대의 모습이 매력적이다. 주변의 어두운 나선팔과 중심부의 세부 구조가 동시에 만족스럽게 처리되었다.

| | |
|---|---|
| 장소 | 2005년 2월 강원도 횡성군 덕초현 천문인 마을 나다 제1천문대 |
| 망원경 | HOBYM 292FN 자작 12인치 사진용 반사 망원경 |
| 적도의 | 미국 아스트로피직스 1200GTO |
| 카메라 | 미국 SBIG ST-10XE(-20도) + CFW8a |
| 총 노출 | 144분 |

4

해바라기은하(Sunflower Galaxy, M63, NGC 5055)는 사냥개자리에 있는 은하이며 지구에서의 거리는 3700만 광년입니다. 사냥개자리에서 큰 편에 속하는 은하이며 중심부는 20센티미터급 망원경으로도 관측 가능합니다.

**M63 해바라기은하**

촬영 당시의 시상이 좋아 은하의 세부를 섬세하게 표현할 수 있었다.

Equatorial RA: 13h 16m 29s Dec: +41°57′19″

| | |
|---|---|
| 장소 | 2006년 3월 강원도 횡성군 덕초현 천문인 마을 나다 제1천문대 |
| 망원경 | 한국 아스트로드림테크 Kastron 380DS 사진용 반사 망원경 |
| 적도의 | 미국 아스트로피직스 1200GTO |
| 카메라 | 미국 SBIG ST-10XE(-40도) + CFW10 |
| 총 노출 | 60분 |

머리털자리에 위치하는 NGC4725는 유달리 밝은 핵을 갖고 있는 세이퍼트 은하군(Seyfert Galaxy Group)에 속한 은하입니다. 지구에서는 4000만 광년 거리에 위치해 있습니다. 밝은 핵과 유달리 많이 발달한 한쪽 나선팔에서 연관 은하가 있음을 알 수 있습니다.

**NGC4725**

넓게 퍼져 나가는 나선팔의 계조 차이가 배경에 비해 크지 않아 처리하는 데 주의를 기울여야 한다.

Equatorial RA: 12h 51m 10s Dec: +25°25′11″

| | |
|---|---|
| 장소 | 2005년 3월 강원도 횡성군 덕초현 천문인 마을 나다 제1천문대 |
| 망원경 | HOBYM 292FN 자작 12인치 사진용 반사 망원경 |
| 적도의 | 미국 아스트로피직스 1200GTO |
| 카메라 | 미국 SBIG ST-10XE(-20도) + CFW8a |
| 총 노출 | 105분 |

사냥개자리의 나선 은하인 NGC5033은 지구에서 약 3900만 광년 거리에 위치합니다. 어두운 하늘에서 8인치급 망원경으로 중심의 핵은 물론 나선팔까지 확인 가능합니다.

**NGC5033**

은하 핵 주변을 섬세하게 살리고 나선팔의 모습을 배경과 확실히 구분이 가도록 하는 데 초점을 맞추었다.

Equatorial RA: 13h 14m 09s Dec: +36°30′55″

| | |
|---|---|
| 장소 | 2006년 3월 강원도 횡성군 덕초현 천문인 마을 나다 제1천문대 |
| 망원경 | 한국 아스트로드림테크 Kastron 380DS 사진용 반사 망원경 |
| 적도의 | 미국 아스트로피직스 1200GTO |
| 카메라 | 미국 SBIG ST-10XE(-40도) + CFW10 |
| 총 노출 | 85분 |

머리털자리의 측면 은하인 NGC4565는 중심부의 암흑대가 매력적인 은하로 지구에서는 4000만 광년 떨어져 있습니다. 우리 은하의 옆 모습이 이것과 비슷할 것으로 예상됩니다. 사진을 촬영해 이미지 처리를 해 보면 팽대부에는 주로 붉고 노란 장노년층의 별들이 포진하고 있으며 주변 나선팔에는 비교적 젊은 별들이 위치하고 있습니다.

**NGC4565**

매력적인 측면 은하로 중심부를 가로지르는 암흑대의 섬세한 모습과 핵의 색감을 살리는 데 중점을 두었다.

Equatorial RA: 12h 37m 04s Dec: +25°54′24″

| | |
|---|---|
| 장소 | 2005년 12월 강원도 횡성군 덕초현 천문인 마을 나다 제1천문대 |
| 망원경 | 한국 아스트로드림테크 Kastron 380DS 사진용 반사 망원경 |
| 적도의 | 미국 아스트로피직스 1200GTO |
| 카메라 | 미국 SBIG ST-10XE(-40도) + CFW10 |
| 총 노출 | 60분 |

NGC7331(Caldwell 30)은 페가수스자리 방향으로 약 4000만 광년 떨어져 있는 나선 은하입니다. NGC7331은 NGC7331 은하군에서 가장 밝은 은하이며 그 모습이 우리 은하와 아주 흡사할 것으로 예측되는 은하입니다.

**▲ NGC7331과 스테판 사중주**

사진 속의 대상 은하를 제외하고 50여 개 이상의 은하가 촬영되었을 정도로 은하가 많은 지역이다.

| | |
|---|---|
| 장소 | 2010년 7월 충청남도 아산시 송악면 호빔천문대 |
| 망원경 | 한국 아스트로드림테크 Kastron Alpha-250CA |
| 적도의 | 한국 아스트로드림테크 MorningCalm 500GE |
| 카메라 | 미국 QSI 8300WSG (-10도 냉각) |
| 총노출 | 105분 |

**▼ NGC7331**

NGC7331 주변의 흐릿한 것들이 모두 은하이다. 별과 은하가 구분되도록 처리하는 것이 관건이다.

| | |
|---|---|
| 장소 | 2007년 9월 강원도 횡성군 덕초현 천문인 마을 나다 제1천문대 |
| 망원경 | 한국 아스트로드림테크사제 Kastron 380DS 사진용 반사망원경 |
| 적도의 | 미국 아스트로피직스사 1200GTO |
| 카메라 | 미국 SBIG ST-10XE(-20도) + CFW10 |
| 총노출 | 80분 |

M100은 머리털자리에 있는 Sc형 정상 나선 은하이며 지구에서 거리는 4000만 광년입니다. 8인치급 망원경으로 중심부의 핵을 쉽게 관측할 수 있으며 하늘이 어둡고 시상이 좋으면 나선팔을 확인할 수 있습니다.

**M100**
배경이 진한 회색이 되도록 처리하면 주변에서 많은 은하들을 확인할 수 있다.

Equatorial RA: 12h 23m 40s Dec: +15°44′28″

장소 2006년 2월 강원도 횡성군 덕초현 천문인 마을 나다 제1천문대
망원경 한국 아스트로드림테크 Kastron 380DS 사진용 반사 망원경
적도의 미국 아스트로피직스 1200GTO
카메라 미국 SBIG ST-10XE(-40도) + CFW10
총 노출 95분

충돌 은하인 NGC4490과 NGC4485는 서로의 중력에 영향을 받아 합쳐지는 불규칙 은하들입니다. 누에고치은하라고도 불리는 은하로서 사냥개자리에 있으며 5000만 광년 거리에 위치합니다.

**NGC4485, NGC4490**

NGC4490 중심부의 색상이 매우 다채롭다. 은하 촬영의 매력에 빠져 초반에 촬영한 은하 중 하나다. 오른쪽이 NGC4490, 왼쪽 작은 은하가 NGC4485이다.

| Equatorial | RA: 12h 31m 19s Dec: +41°33′43″ |
|---|---|
| 장소 | 2005년 1월 강원도 횡성군 덕초현 천문인 마을 나다 제1천문대 |
| 망원경 | HOBYM 292FN 자작 12인치 사진용 반사 망원경 |
| 적도의 | 미국 아스트로피직스 1200GTO |
| 카메라 | 미국 SBIG ST-10XE(-40도) + CFW8a |
| 총 노출 | 120분 |

목동자리에 속해 있는 나선 은하입니다. 알려지지 않은 은하이지만 핵이 밝고 나선팔의 밝은 부분은 충분히 안시 관측이 가능합니다. 지구에서 약 5900만 광년 거리에 위치합니다.

**NGC5248**

타원형을 이루는 내부의 색감에 중점을 두고 처리했다.

Equatorial RA: 13h 38m 16s Dec: +08°48′41″

| | |
|---|---|
| 장소 | 2006년 2월 강원도 횡성군 덕초현 천문인 마을 나다 제1천문대 |
| 망원경 | 한국 아스트로드림테크 Kastron 380DS 사진용 반사 망원경 |
| 적도의 | 미국 아스트로피직스 1200GTO |
| 카메라 | 미국 SBIG ST-10XE(-40도) + CFW10 |
| 총 노출 | 75분 |

에리다누스자리에 위치하는 NGC1300은 지구에서 7000만 광년 거리에 있는 대표적인 막대 나선 은하입니다. 개인적으로 M81과 더불어 가장 좋아하는 은하입니다. 남쪽에 위치한 관계로 한국에서는 거의 촬영 한계에 있는 대상으로 디테일을 표현하기가 쉽지 않습니다.

**NGC1300**

고도가 낮아 시상이 좋고 투명도가 좋을 때 도전해 볼 만한 은하로서, 나선팔의 상세 표현이 어렵다. 남반구나 저위도에서 재촬영해 보고 싶은 대상이다.

Equatorial RA: 03h 20m 19s Dec: -19°21′53″

| | |
|---|---|
| 장소 | 2005년 3월 강원도 횡성군 덕초현 천문인 마을 나다 제1천문대 |
| 망원경 | 한국 아스트로드림테크 Kastron 380DS 사진용 반사 망원경 |
| 적도의 | 미국 아스트로피직스 1200GTO |
| 카메라 | 미국 SBIG ST-10XE(-40도) + CFW10 |
| 총 노출 | 80분 |

사자자리에 위치한 힉슨 44(Hickson 44) 은하군은 중앙 부분의 가장 큰 NGC3190을 중심으로 한 소은하군으로 NGC3193, NGC3187, NGC3185로 구성되어 있으며 지구에서 8000만 광년 거리에 위치합니다. 윌리엄 허셜이 1784년에 발견했습니다. 은하들은 근거리에 위치하며 상호 중력 간섭 작용으로 인해 나선팔이 변형된 모습을 볼 수 있습니다.

**힉슨 44**

Equatorial RA: 10h 19m 13s Dec: +21°49′10″

| | |
|---|---|
| 장소 | 2009년 1월 충청남도 아산시 송악면 호빔 천문대 |
| 망원경 | 일본 미카게 350 뉴턴식 반사 망원경 |
| 적도의 | 일본 미카게 350식 독일식 적도의 |
| 카메라 | 미국 SBIG STL-11000(-40도) |
| 총 노출 | 380분 |

양자리에 위치한 소은하군으로 지구에서 1억 1600만 광년 거리에 위치합니다. 사진의 하단의 은하는 맨 밑에부터 NGC678과 NGC680으로 짝을 이루며 중력 상호 작용을 일으키는 은하입니다. 14인치 이상의 대구경 망원경에서 관측 가능한 먼 은하들입니다.

**NGC678, NGC680, NGC691, NGC694**

Equatorial RA: 01h 50m 12s Dec: +22°03′57″

| | |
|---|---|
| 장소 | 2005년 10월 강원도 횡성군 덕초현 천문인 마을 나다 제1천문대 |
| 망원경 | HOBYM 292FN 자작 12인치 사진용 반사 망원경 |
| 적도의 | 미국 아스트로피직스 1200GTO |
| 카메라 | 미국 SBIG ST-10XE(-20도) + CFW8a |
| 총 노출 | 75분 |

페가수스자리의 스테판 4중주(Stephan's Quintet)는 지구에서 2억 8000만 광년 거리에 있습니다. NGC7317, NGC7318, NGC7319, NGC7320로 구성되어 있으며 서로 근거리에 위치해 중력 상호 작용을 일으키고 있는 상태입니다.

**스테판 4중주**

| | |
|---|---|
| Equatorial | RA: 16h 43m 35s Dec: +36°48′10″ |
| 장소 | 2005년 3월 강원도 횡성군 덕초현 천문인 마을 나다 제1천문대 |
| 망원경 | 한국 아스트로드림테크 Kastron 380DS 사진용 반사 망원경 |
| 적도의 | 미국 아스트로피직스 1200GTO |
| 카메라 | 미국 SBIG ST-10XE(-40도) + CFW10 |
| 총 노출 | 170분 |

헤라클레스자리 은하단(Hercules cluster of galaxies)은 헤라클레스자리에 있는 거대 은하단으로 300여 개의 은하로 구성되어 있으며 지구에서 거리는 5억 1000만 광년입니다. 대부분의 은하들이 거의 상호 작용 은하이며 머리털자리 은하단에 비해 다소 덜 밀집되어 있는 불규칙 은하단입니다. 중심 은하는 NGC 6050이며 구성원들은 쌍은하계를 이루고 있거나 작은 무리들을 이루고 있는 경우가 많습니다.

**Abell 2151**

| | |
|---|---|
| Equatorial | RA: 16h 06m 03s Dec: +17°43′02″ |
| 장소 | 2005년 5월 강원도 횡성군 덕초현 천문인 마을 나다 제1천문대 |
| 망원경 | HOBYM 292FN 자작 12인치 사진용 반사 망원경 |
| 적도의 | 미국 아스트로피직스 1200GTO |
| 카메라 | 미국 SBIG ST-10XE(-20도) + CFW8a |
| 총 노출 | 90분 |

# 기억 속의 별 풍경

초등학교 4학년 때부터 시작된 막연하며 이유 없는 우주에 대한 동경과 그에 따른 아마추어 천문가 생활이 어느덧 35년이나 되었습니다. 그만한 세월의 별지기 생활은 셀 수 없이 많은 별에 대한 기억과 추억으로 꾸며지게 마련입니다. 별 보는 이유를 찾을 수 있는 강렬한 별 풍경이 지금의 나를 지탱해 주고 또 별을 끊임없이 동경하게 해 주는 에너지원이 아닌가 생각합니다.

당연히 기억 속에는 수많은 밤하늘과 그 아름다움, 관측이나 천체 사진 촬영의 에피소드가 있습니다. 아마추어 천문가라면 누구라도 갖고 있을 아름다운 추억들에 대한 회상과 스치듯 머릿속에 박혀 떠날 줄 모르는 수채 풍경화에 대해 좀 더 써 보고자 합니다.

## 첫 번째 별 풍경

우리나라에서 가장 오래된 온천, 충청남도 아산시 온양 온천이 나의 고향입니다. 당시 온양은 1975년 읍내 인구가 2만 명이 안 되는 도시로 역전에는 마차가 짐을 실어 나르기 위해 대기해 있고 장날이면 우마차로 붐비는 흙먼지 날리는 신작로가 난 작은 소도시였습니다. 초등학교 3학년 때 아버지께서는 조금 큰 자전거를 선물해 주셨습니다. 유달리 키가 작았던 나는 제대로 올라타서는 페달에 발이 닿지 않아 옆으로 타는 법을 터득해야만 했습니다. 행동 반경이 넓어진

나는 주말에 자랑 삼아 시내에서 5킬로미터 정도 떨어진 큰아버지 댁이 있는 성안 마을을 자전거로 도전을 했습니다.

차량 소통이 많지는 않았지만 소달구지나 우마차를 추월하며 달리는 시골길은 익어 가기 시작한 황금빛 벼이삭과 초록 기운이 연해지는 잎들, 투명한 햇볕이 어우러져 어린 꼬마인 나의 감흥을 자극하기에 충분한 즐거움을 선사했습니다. 혼자 왔냐며 놀라시는 큰아버지와 사촌형들 앞에서 괜히 뿌듯해져 속으로 어깨를 으쓱거렸습니다. 이마에 맺힌 땀방울을 본 사촌형은 재래식 수동 펌프로 삐걱삐걱 펌프질해 아주 차가운 지하수를 한 바가지 퍼 올려 건네줍니다.

사촌 형제들이 북적이는 저녁식사는 꿀맛이었습니다. 어쩌면 늘 그 계절까지 남아 있던 묵은지의 푸른 겉대 줄기의 맛 때문인지 모릅니다. 해가 어둑해지면 사촌형이 마당에 불을 놓았습니다. 어둠과 함께 이슬이 내리고 동쪽 하늘에는 모닥불의 밝기에도 굴하지 않는 밝은 별들이 보이기 시작합니다. 시선을 약간 틀어 하늘을 올려다보면 은하수가 선명히 흐릅니다. 멍석을 깔고 누워 하늘의 별들을 보고 있노라면 언젠가 온양 시내 우리집의 옥상에서 모기장 너머 별을 볼 때 어머님께서 설명해 주신 밤하늘의 이름들이 정겹게 떠올려봅니다. 좀신할배, 좀생이별, 삼태성, 견우 직녀성 ……. 아니면 정말 배가 노를 저어갈 것 같은 그 우윳빛의 아련한 은하수들이 보입니다.

모닥불이 꺼지고 여린 별빛이 점점 더 선명해지며 여러 가지 이름 모를 대상들을 보여 줍니다. 가난하고 어렵고 고단했던 시절이었지만 밤하늘의 별빛만큼은 가장 아름다웠습니다. 이슬 맞는다고 걱정하시며 들어와 자라는 할머니의 가는 목소리와 건전지가 다된 큰집의 단파 라디오 유행가가 묘하게 어우러져 차라리 멀리서 메아리치는 자장가와 같았습니다. 내 기억에 이때까지 성안 마을에는 전기가 들어오지 않았습니다.

## 두 번째 별 풍경

천체 망원경은 마치 가장 빠른 우주선과도 같습니다. 천체의 어떤 대상이든 한순간에 우리를 우주로 날려 보내 주기 때문일 것입니다. 한 가지 예를 들면 어떤 망원경이든 약 100배로 밤하늘의 달을 보면 달과의 40만 킬로미터 거리를 100분의 1인 4000킬로미터 떨어진 곳에서 관측하는 상황을 만들어 주니 말입니다.

나의 첫 망원경은 고등학교 1학년 때 아버님께서 일본에 가셨다가 직접 사 오신 아주 작은 10센티미터 구경 반사 망원경이었습니다. 별을 추적하는 모터는 달려 있지 않았지만 적도의와 삼각대 구성으로 되어 있는 일본의 아스트로사 반사 망원경으로 부속 아이피스는 케르너 15밀리미터와 오르도스코픽 4밀리미터였습니다.

전에 가지고 있던 일제 쌍안경으로 하늘을 바라보면 8배로 밤하늘의 대상들을 볼 수 있었습니다. 하지만 수입 망원경은 24배와 100배로 밤하늘을 관측할 수 있으니 결국 훨씬 성능이 좋은 우주선을 타고 밤하늘 여행을 갈 수 있게 되는 것입니다. 아버지께서 일본에서 돌아오시기 전 1주일은 거의 밤에 잠을 청할 수가 없었습니다. 망원경이 그려져 있는 카탈로그를 몇십 번이고 다시 보며 직접 보게 될 날만을 손꼽아 기다리고 기다렸던 기억이 새롭습니다.

누님과 함께 김포공항까지 가서는 무거운 망원경 박스를 가지고 왔습니다. 첫 관측은 집 좁은 베란다에서 남현동 태재고개 쪽으로 기우는 초저녁 초승달을 겨누어 보았습니다. 24배 정도 되는 배율의 좁은 케르너형 접안 렌즈 시야 안에는 약간은 노란빛을 띠며 날카로운 듯 차가운 듯 초점이 잘 서 있는 조각달과 바깥쪽으로 금성이 빛나고 있었습니다. 마치 눈에는 눈물이 고이는 듯 했습니다. 온몸의 감각 기관이 달과, 그러고는 여명이 남은 짙은 남색의 하늘과 금성과 조각달을 향하는 듯했습니다. 그 순간 나는 우주 비행사가 되어 있었습니다.

## 세 번째 별 풍경

리우데자네이루의 코르코바도 언덕은 세계 3대 미항 중 하나인 이 아름다운 도시를 한눈에 내려다볼 수 있는 곳입니다. 인간이 만든 거대한 석상이 주는 느낌이나 감상보다는 역시 그 높은 곳에서 바라보는 아름다운 도시와 복잡한 해변, 암석이 만들어 내는 아름다움이 너무도 크고 아름다워 지구를, 아름다운 지구를 생각하게 하는 그런 곳입니다.

1997년 가을, SK건설의 해외 영업 본부에서 미주 담당으로 해외 정유 화학 플랜트 공사의 수주를 위한 일을 하던 당시 브라질 국영 석유 회사 페트로브라스의 4억 달러 정도의 정유 공장 현대화 사업의 입찰을 위해 브라질에 출장을 갔을 때의 일입니다. 이러한 입찰이 있을 때면 한국에서도 긴장과 스트레스 속에 격한 업무량에 시달리고 또 출장 중에도 조금의 여유도 없이 긴장의 연속인 하루하루를 일을 하며 보내곤 합니다. 무사히 입찰을 마친 날이 토요일이었습니다. 절대적인 수면 부족과 시차 적응 문제로 곤죽이 되어 있었지만 세계 3대 미항이라고 일컫는 이곳에서의 마지막 날을 이대로 보내기는 싫었습니다.

영어가 잘 통하지 않는 곳이라서 수월치는 않았지만 호텔에서 나와 택시를 하나 잡아타고는 처음 간 곳이 암벽으로 이루어진 관광지 슈가로프였습니다. 관광객들 중에는 프랑스나 영국, 네덜란드 등 유럽에서 온 노부부들이 많았습니다. 올라갈 때는 케이블카를 타지만 내려올 때는 시간의 여유를 씹고 또 씹으며 느긋하게 아름다운 풍경을 가슴에 담고 천천히 걸어 내려왔습니다. 나무에서 울어대는 원숭이나 밝은 색감의 깃털을 가진 이름 모를 새들을 지나쳤습니다. 입고 있는 와이셔츠에는 땀이 흥건했지만 맑게 부서지는 오후의 햇살과 푸르다 못해 보랏빛 감도는 하늘은 그간의 업무 스트레스를 날려 주기에 충분했습니다. 어디에선가 들려오는 유행가와 바람을 타고 와서는 코끝을 자극하는 짙은 꽃내음은 묘한 감흥을 불러일으켜 영원히 잊을 수 없는 휴식과 자유를 느끼게 해 주었습니다.

지난 한 달여 한국에서의 강행군에 출장 업무로 인해 파김치가 되어 있는 몸에서는 기분 좋은 피곤함과 안도의 한숨이 시간 간격을 두고 흘러나오곤 했습니다. 지구 반대편 한국에 있을 집사람과 아이와 노부모님 생각이 났습니다. 다시 오리라, 이 아름다움을 가족들과 같이 느끼리라 생각했습니다. 슈가로프를 내려와서 보니 예정 시간이 지나 애가 탔는지 시계를 가리키며 뭐라 하는 기사에게 웃음으로 답하고는 유명한 예수의 석상이 있는 코르코바도 언덕으로 향했습니다. 한참을 꼬불대는 길을 올라가서 보니, 오후의 투명한 햇살을 받은 석상은 황금으로 만들어졌다는 착각이 들 정도로 찬란하게 빛나고 있었습니다. 파란 하늘과 바다와 만이 어우러진 풍경 속에서 나는 우주와 지구의 아름다움을 동시에 볼 수 있었습니다.

시간을 재촉하러 올라온 택시 기사에게 40달러를 추가로 쥐어 주고는 시간에 따라 만물의 색과 하늘빛의 계조가 변해 가는 것을 보고 있었습니다. 서쪽 하늘이 붉은빛과 푸른빛이 섞여 가기 시작할 무렵, 막 차오르기 시작한 달과 밝은 금성이 서쪽 하늘에 찬란하게 빛나고 있었습니다. 아름다움에 취하며 시간의 흐름을 느끼고 있을 때 도시의 불빛들이 마치 마차부 별자리의 산개 성단들처럼 밝아 오더니 하늘빛과 손톱달과 금성이 붉은 노을에 어우러져 형용키 힘든 아름다움을 만들어 내고 있었습니다.

시간이 더 지나 바다 방향 어둠 속에는 아련히 1등성들이 모습을 나타내기 시작했습니다. 이 얼마나 아름다운 광경인가. 나는 이 순간 지구라는 푸른 행성에 사는 우주인임과 동시에 지구인임을 느꼈습니다. 지구 반대편의 아름다운 도시, 그리고 우리 지구.

## 네 번째 별 풍경

아이반호는 오스트레일리아 사막의 오아시스 같은 마을로 30여 호가 사는 아주 작은 마을입니다. 나와 이건호 씨, 이준화 교수는 계획 없이 이곳까지 왔습니다. 맑고, 깊고, 광해 없는 하늘을 찾아서 말입니다.

북반구에서 볼 수 없는 남천의 딥스카이 대상들을 보고 느끼고 또 사진을 찍으려는 목적 외에도, 정말로 광해가 없는 그런 하늘은 어떤 것일까 하는 궁금증 해소를 위한 여행이었습니다.

남천 촬영 여행 계획은 이준화 교수가 안식년으로 오스트레일리아를 택하면서 시작되었습니다. 어렵게 휴가를 낸 이건호 씨와 나는 첫 원정 촬영에 걸맞게 많은 장비를 동원했습니다. 멜버른에 도착해 밀두라에 가서 사진을 찍어 보고자 했지만 날이 받쳐 주지를 않자 급기야 사막으로 가기로 합니다. 계획에 없던 일정 변경이었지만 사막의 건조함이 가져다주는 밤하늘은 어떨까, 기대에 찬 장거리 이동이었습니다. 종일 달려 도착한 곳은 사막 한가운데의 아이반호. 이곳에서 아주 허름한 만큼 저렴한 컨테이너 숙소를 5일 빌려 앞마당에 장비를 펼쳤습니다. 숙박 여건은 열악했지만 가까운 곳에 식당도 있고 또한 도난 염려도 없는 그곳에서 며칠을 지새우며 낮에는 자고 하는 식으로 남천의 대상들을 하나하나 잡아 나갔습니다.

셋째 날인가 우리는 새벽에 사진 촬영 장비를 세팅하고 새벽에 사막으로 갔습니다. 아이반호에서 40여 분 이동하니 360도 지평선이 나오는 곳이 있었습니다. 가는 길에 수많은 캥거루들이 맞아 주었습니다. 어떤 놈들은 길에서 비켜서질 않아 기다리기도 했으며 어떤 놈들은 우리와 나란히 달리기도 했습니다. 크기도 각각이고 어찌나 수가 많던지 우리는 전혀 속력을 낼 수가 없었습니다. 물론 지나는 차들도 없으니 사막과 곧게 뻗은 아스팔트 길은 우리만을 위한 것이었습니다. 적당한 곳에 차를 세우고는 차의 전조등을 끄고 차에서 내렸습니다. 그러고는 지평선 끝까지 쏟아져 내리는 별들, 하늘을 가로지르는 은하수의 별빛에 매료되었습니다. 아스팔트에 누워 하염없이 하늘을 바라보기도 하고 또 별빛에 어렴풋이 비치는 얼굴을 확인하고는 아이들처럼 들뜨고 즐거워하고 기뻐했습니다. 우리는 우주 속에 있는 지구인입니다. 하늘이 갖는, 별빛이 전해 주는 메시지를 듣고 감동하고 느끼느라 시간이 가는 줄도 몰랐습니다. 카메라에서 불과 30초로 표현되는 밤하늘의 은하수, 그리고 별 친구들과의 한때는 영원히 잊을 수 없는 별 풍경 중 하나입니다.

지금도 날만 맑으면 두근두근 설레는 마음으로 오늘 밤에는 무엇을 찍을까, 오늘은 밤하늘이 어떨까 기상청 사이트를 보고 촬영 계획을 세우고는 합니다. 30년 넘게 별을 보아 오며 그때 여건이나 환경이 바뀌기는 했어도 여전히 변하지 않는 것은 별에 대한 밤하늘에 대한 우주에 대한 동경일 것입니다. 별에 대한 기억과 더불어 함께하는 나와 나의 사랑하는 사람들의 이야기들은 밤하늘에 대한 기억 속에 아주 중요한 부분을 차지하고 있음을 깨닫습니다. 어쩌면 그것은 내가 별을 보지 않는 사람들에게 가장 전하고픈 것들이기도 합니다.

## 장비 정보

### 천체 망원경

**1 일본 다카하시 FSQ106**

| | |
|---|---|
| 유효 구경 | 106밀리미터 |
| 렌즈 구성 | 4군4매 FSQ형 프로우라이트 아포크로매트 |
| 초점 거리 | 530밀리미터 |
| 구경비 | F5 |
| 이미지 서클 | 88밀리미터 |
| 경통 무게 | 6.3킬로그램 |

지름 10센티미터 굴절 망원경으로 초저분산 소재인 형석을 사용해 색수차를 억제했으며 정밀하게 연마된 렌즈는 안시 관측과 사진 모두에서 뛰어난 성능을 보여 줍니다. 구경 대비 뛰어난 해상력의 사진을 촬영할 수 있으며 또한 사진용 망원경의 가치를 평가하는 데 있어 중요한 요소인 평탄면이 36.5밀리미터 X 36.5밀리미터의 정방형 대형 포맷을 커버해 줍니다.

**2 일본 다카하시 FSQ106ED**

| | |
|---|---|
| 유효 구경 | 106밀리미터 |
| | 4군4매 FSQ형 프랫필드 패츠발 |
| 초점 거리 | 530밀리미터(0.73X 리듀서 채용 시 385밀리미터) |
| 구경비 | F5(0.73X 리듀서 채용 시 F3.6) |
| 이미지 서클 | 88밀리미터(0.73X 리듀서 채용 시 44밀리미터) |
| 경통 무게 | 7킬로그램 |

FSQ106의 후속 버전으로 주변 감광을 개선했고 리듀서를 장착할 수 있으며 2단 감속 랙 앤드 피니언 구조를 채용했습니다. 전 버전과 같이 천체 사진을 위해 진화했지만 짧은 드로우튜브의 이동 거리와 헬리코이드 채용으로 안시에서는 기구부와 성능 모두 전 버전만 못하다는 평이 있습니다. 하지만 여전히 막강한 사진용 기기임에는 변함이 없습니다.

**3 일본 펜탁스 125SDHF**

| | |
|---|---|
| 유효 구경 | 125밀리미터 |
| | 3군3매 SMC 펜탁스 SD아포크로매트 HF타입 |
| 초점 거리 | 800밀리미터(0.77X 67리듀서 채용 시 616밀리미터) |
| 구경비 | F6.4(0.77X 67리듀서 채용 시 F4.9) |
| 이미지 서클 | 88밀리미터(0.73X 67리듀서 채용 시 88밀리미터) |
| 경통 무게 | 9킬로그램 |

국내에서는 처음으로 사용을 해 보았으며 뛰어난 색수차 억제 능력과 사진 성능이 대단한 망원경입니다. 역시 보정 렌즈 내장 형식의 망원경으로 고정밀도의 사진용 망원경입니다. 더욱이 67판 보정 렌즈를 이용하면 평탄면 이미지 서클이 90밀리미터에 육박합니다. 그러면서도 아주 날카로운 성상을 유지하는 명기입니다.

1
2
3

**4 일본 펜탁스 150ED**

| | |
|---|---|
| 유효 구경 | 150밀리미터 |
| | 2군2매 SMC 펜탁스 ED아포크로매트 |
| 초점 거리 | 1800밀리미터 |
| 구경비 | F12 |
| 경통 무게 | 28킬로그램 |

큰 경통 지름과 기장, 만듦새에서 압도적인 위용을 자랑합니다. 구경비가 긴 이점을 충분히 활용해 고정밀도로 만들어진 주 렌즈는 어떠한 경우에도 높은 콘트라스트와 안시 성능을 보여 줍니다. 시상이 좋은 날이면 700~1000배 이상의 배율이 가능한 망원경으로 행성과 월면 고배율 관측과 이중성 분해 등에 위력을 발휘합니다.

**5 일본 빅센 DED108SS**

| | |
|---|---|
| 유효 구경 | 108밀리미터 |
| | 4군4매 패츠발 이중 ED아포크로매트 |
| 초점 거리 | 540밀리미터 |
| 구경비 | F5 |
| 이미지 서클 | 88밀리미터 |
| 경통 무게 | 6.2킬로그램 |

중저가 망원경을 주로 만드는 회사인 빅센에서 야심차게 도전한 고가 사진용 망원경입니다. 광학적 설계치의 우수성이 실제 사용함에 있어 그대로 반영되지 못하는 아쉬움이 있습니다. 평탄면은 우수하나 렌즈셀의 압박이 심해 별상에서 3점의 회절과 분산이 생기는 면과 초점 면에서 약간의 푸른색 수차가 존재합니다. 하지만 큰 면적의 CCD를 이용할 경우 별상을 문제 삼을 사람은 거의 없을 것입니다.

**6 일본 다카하시 FCT76**

| | |
|---|---|
| 유효 구경 | 76밀리미터 |
| | 1군3매 프로우라이트 아포크로매트 |
| 초점 거리 | 487밀리미터(0.7X 리듀서 채용 시 342밀리미터) |
| 구경비 | F6.4(0.7X 리듀서 채용 시 F4.5) |
| | 리듀서 채용 시 이미지 시야각 : 8.4도 |
| 경통 무게 | 6.0킬로그램 |

과거의 명기인 FCT 시리즈는 고정밀 연마와 형석 재질의 렌즈를 포함 3매의 렌즈로 색수차를 극단적으로 억제해 뛰어난 안시 성능을 보여 주는 망원경입니다. 당시로서는 구경비가 아주 빠른 망원경으로 리듀서 겸 프래트너를 이용하면 뛰어난 사진용 망원경으로 변모를 합니다. 단점이라면 핸리코이드식 초점 조절 장치의 고정 장치가 없는 것과 과거 코팅 기술 부족으로 리듀서 장착 촬영 시 렌즈 프레어가 밝은 별 촬영 시 생기는 것입니다. 하지만 소형 굴절 망원경의 최강자라 함에 부족함이 없는 명기 중 명기입니다.

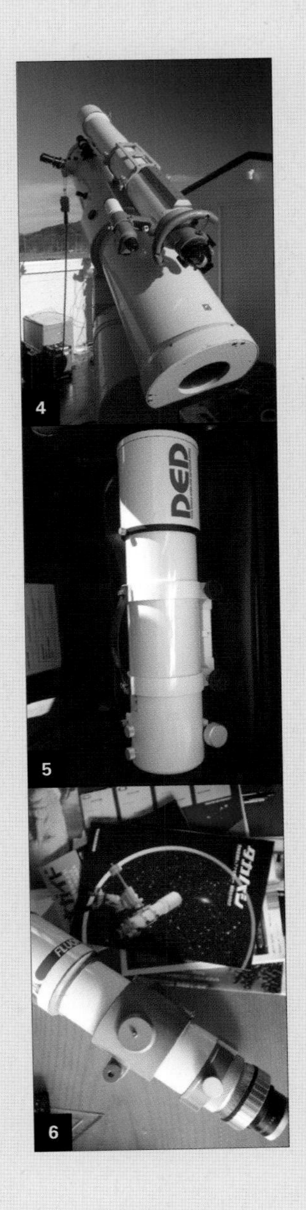

4
5
6

**7 일본 다카하시 TSC225**

| | |
|---|---|
| 유효 구경 | 225밀리미터(부경: 65밀리미터-차폐율29퍼센트) |
| | 슈미트카세그레인식의 반사굴절식 광학계 |
| 초점 거리 | 2700밀리미터 |
| 구경비 | F12 |
| 경통 무게 | 9.9킬로그램 |

100대 한정 생산한 잘 만들어진 유일한 슈미트카세그레인 망원경으로 컴팩트한 크기에 뛰어난 안시 성능을 보여 주는 귀한 망원경입니다. 부경이 작아서 차폐율이 작은 것도 콘트라스트에 도움이 되지만 견고한 만듦새와 정밀도를 무기로 행성, 달, 이중성의 고배율 관측을 비롯해 어두운 하늘에서 심천 관측 시 위력을 발휘하는 만능 망원경입니다.

**8 일본 미카게 350N**

| | |
|---|---|
| 유효 구경 | 350밀리미터(부경: 80밀리미터-차폐율30퍼센트) |
| | 뉴턴식 반사 망원경 |
| 초점 거리 | 2100밀리미터 |
| 구경비 | F6 |
| | Wynne Type 보정 렌즈 평탄면 이미지 서클 50밀리미터 |
| 경통 무게 | 80킬로그램 |

14인치의 구경비가 느린 고정도 뉴턴식 반사 망원경으로 역시 뛰어난 안시 성능을 자랑합니다. 사진용으로 개조 후에는 3인치의 ED 소재를 이용한 고급 코마 수차 보정 렌즈를 이용 사진용으로도 사용 가능한 경통이었습니다. 거대하고 육중하며 강성 있는 철 재질의 경통은 360도 회전시켜 가며 안시 관측을 할 수 있는 장치로 되어 있습니다. 많은 사진을 촬영하지는 않았지만 촬영한 사진마다 계조의 깊이가 남다르다는 것을 느낄 수 있었습니다. 구경과 차폐율이 적은 덕분이 아닌가 합니다.

**9 한국 아스트로드림테크 Kastron Alpha-250CA**

| | |
|---|---|
| 유효 구경 | 250밀리미터(부경: 105밀리미터-차폐율45퍼센트) |
| | 뉴턴식 반사 망원경 |
| 초점 거리 | 910밀리미터 |
| 구경비 | F3.6 |
| | 평탄면 이미지 서클 50밀리미터 |
| 경통 무게 | 17킬로그램 |

한국제 망원경으로 평탄면이 55밀리미터에 육박하며 설계상 수치에서 성상이 10마이크론까지 작게 맺히는 사진용 망원경으로 경통은 온도 변화에 대응키 위한 카본 재질을 사용했으며 강성 높은 밴드와 접안부 등 천체 사진 촬영에 특화된 망원경으로 지금껏 사용해 본 망원경 중에 가장 효율이 좋으며 섬세 묘사까지 가능한 망원경입니다. 메인 미러는 미국의 잠부터나 ED 스티븐슨의 미러를 사용했습니다.

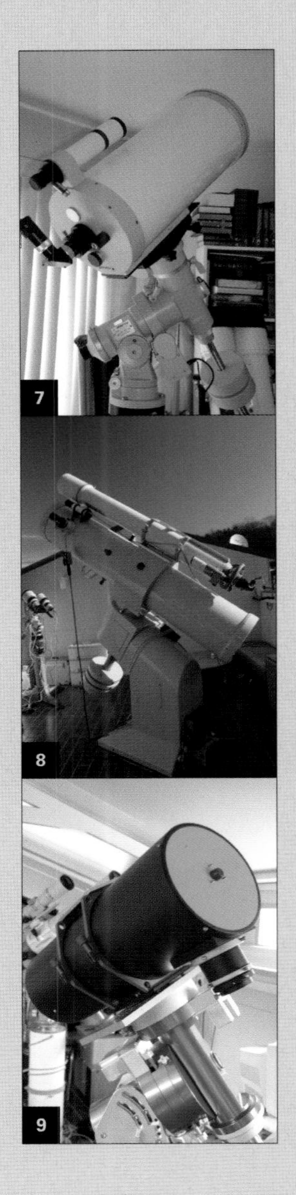
7
8
9

**10 한국 아스트로드림테크 Kastron Alpha-250CAT**

| | |
|---|---|
| 유효 구경 | 250밀리미터 |
| | 프라임 포커스 뉴턴식 |
| 초점 거리 | 910밀리미터 |
| 구경비 | F3.6 |
| | 평탄면 이미지 서클 55밀리미터 |
| 경통 무게 | 17킬로그램 |

시험 삼아 제작한 프라임 포커스 망원경으로 사경을 없앴으며 사경의 초점면 위치에 원형 컬러 CCD를 이용했고 견고한 미러셀을 갖도록 하되 프레임 형태의 튜브 구조로 분해 조립이 손쉽고 가벼워 해외 원정용으로 제작을 했습니다. 사용해 본 경통 중에 가장 쉬운 광축 조정과 효율과 작은 차폐와 더불어 넓은 평탄면을 갖는 사진용 망원경입니다. 양산에 들어가지는 못했지만 가장 뛰어난 사진용 패키지 망원경이라 할 수 있습니다. 해외 원정 중 좋은 하늘에서 작은 굴절과 광시야밖에 도전하지 못하는 갈증을 해소할 수 있었습니다.

**11 한국 아스트로드림테크 Kastron 380DS**

| | |
|---|---|
| 유효 구경 | 380밀리미터(부경: 130밀리미터-차폐율36퍼센트) |
| | 프라임 포커스 뉴턴식 반사 망원경 |
| 초점 거리 | 1672밀리미터 |
| 구경비 | F4.4 |
| | Wynne Type 보정 렌즈: 이미지 서클 55밀리미터 |
| 경통 무게 | 28킬로그램 |

15인치 프레임 형태의 반사 망원경으로 무게는 최대한 경량화를 위해 카본 파이프를 이용했으며 육각형 프레임의 워터젯 가공으로 단가를 절약해 세계에서 가장 가벼운 사진용 대구경 아마추어 망원경을 표방했습니다. 총 무게가 25킬로그램이며 평탄면은 웨인 타입 보정 렌즈 사용 시 50밀리미터를 확보했습니다. 많은 은하 사진 중 걸작들을 담아낼 수 있었던 망원경입니다.

**12 일본 다카하시 입실론 160**

| | |
|---|---|
| 유효 구경 | 160밀리미터(부경: 63밀리미터-차폐율42퍼센트) |
| | 쌍곡면 주경과 보정 렌즈를 이용한 사진용 뉴턴식 반사 망원경 |
| 초점 거리 | 530밀리미터 |
| 구경비 | F3.3 |
| | 평탄면 이미지 서클 : 42밀리미터 |
| 경통 무게 | 7.6킬로그램 |

한때 빠른 반사 광학계의 이동용 천체 사진용 망원경으로서는 가장 인기가 많았던 망원경입니다. 보정 렌즈에서 오는 약간의 색수차와 광축 조정 등이 극복해야 할 과제였지만 짧은 시간에 많은 정보량을 얻을 수 있다는 면에서는 한국 실정에 어울린다고 볼 수 있습니다. 광축 조절 시 주경의 미세 조절이 쉽지 않았던 기억입니다.

10
11
12

**13 HOBYM 292FN(12인치 자작 뉴턴식 망원경)**

| | |
|---|---|
| 유효 구경 | 292밀리미터(부경: 102밀리미터-차폐율38퍼센트) |
| | 보정 렌즈를 이용한 사진용 뉴턴식 반사 망원경 |
| 초점 거리 | 1330밀리미터 |
| 구경비 | F4.4 |
| | 평탄면 이미지 서클 : 40밀리미터 |
| 경통 무게 | 20킬로그램 |

영국의 오리온 경통을 중고로 들여 놓고는 대구경 반사를 사진용으로 사용하려 했으나 몇 번의 개조와 좌절을 겪고는 결국 미러만 빼고 모두 다시 만들었습니다. 이 경통으로 대구경 망원경 제작에 대한 용기가 생겼습니다. 많은 은하 사진과 성운의 세부를 표현하는 사진을 촬영할 수 있었습니다. 강성 있는 만듦새와 밴드 미러셀, 그리고 넓은 사경과 튼튼한 접안부를 채용했습니다.

**14 일본 다카하시 Sky-90**

| | |
|---|---|
| 유효 구경 | 90밀리미터 |
| | 2군2매 SKY형 푸로우라이트 아포크로매트 |
| 초점 거리 | 500밀리미터(리듀서 채용 시 407밀리미터) |
| 구경비 | F5.6(리듀서 채용 시 F4.5) |
| 이미지 서클 | 리듀서 채용 시 44밀리미터 |
| 경통 무게 | 3.2킬로그램 |

아주 컴팩트하면서도 색수차를 억제했으며 안시 성능 또한 동급 구경에서 빠지지 않는 망원경입니다. 해외 원정용으로 쓸 만한 경통으로 리듀서 플래트너 장착 시 훌륭한 사진용 망원경으로 재탄생합니다. 얼마 사용해 보지 못하고 떠나보냈지만 지금도 아쉬움이 남습니다.

**15 일본 펜탁스 75SDHF**

| | |
|---|---|
| 유효 구경 | 75밀리미터 |
| | 2군2매 SKY형 푸로우라이트 아포크로매트 |
| 초점 거리 | 500밀리미터(리듀서 채용 시 360밀리미터) |
| 구경비 | F6.7(리듀서 채용 시 F4.8) |
| 이미지 서클 | 70밀리미터(리듀서 채용 시 44밀리미터) |
| 경통 무게 | 2.2킬로그램 |

일본 펜탁스 75SDHF는 만듦새와 휴대성 강한 반면 안시와 사진 모두 가격 대비 만족도 면에 뛰어난 경통으로 35밀리미터 판형의 리듀서 겸 보정 렌즈를 장착하며 넓은 이미지 서클을 갖게 됩니다. 단종되어 중고 밖에 접할 수 없는 망원경이지만 가치를 재평가받고 있는 망원경 중 하나입니다.

**16 일본 캐논 EF200밀리미터 F1.8L**

과거 웨딩 사진에서 없어서는 안 될 렌즈로 빠른 구경비에 의한 흐림 효과로 스냅에서 위력을 떨쳤습니다. 하지만 천체 사진에서도 F2.5정도에서 막강한 평탄면과 샤프한 성상을 보여 줍니다. 초저분산 렌즈를 많이 채용한 덕분인데 노출시간의 한계를 갖는 DSLR과는 막강의 조합을 자랑합니다. 넓은 시야 촬영에서 최신 DSLR과 최강의 조합입니다. 유일한 단점이라면 무겁고 큰 덩치와 높은 신품가와 중고 가격대라 할 수 있습니다.

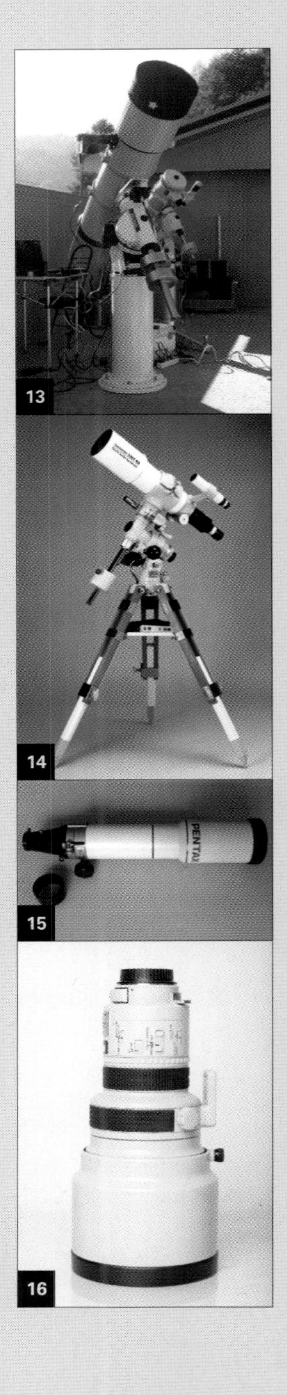

13
14
15
16

**17 일본 캐논 FD300밀리미터 F2.8L**

저렴한 가격대에 구매할 수 있는 광학적으로 훌륭한 천체 사진용 단초점 렌즈라 할 수 있습니다. 몇 가지의 개조를 거치면 DSLR과 CCD 모두에서 위력을 발휘합니다. 역시 조리개 조임은 필수이며 CCD를 사용 할 경우 전면에 원형으로 마스킹을 제작해 조리개로 사용하면 됩니다. F3.6정도에서 완벽한 평탄 면과 성상을 자랑합니다.

17

**18 일본 캐논 8-15 F4.0L**

주로 360도 풍경과 전천을 원형으로 촬영하거나 하늘을 대부분 구도에 넣고 촬영하는 사진에서 유용한 렌즈입니다. 유사한 성능과 기능의 렌즈가 다른 DSLR 메이커에도 있으며 캐논을 쓰는 이유는 지금껏 써 온 렌즈군 등 액세서리 때문입니다.

18

**19 일본 캐논 16-35 F2.8L**

풍경 사진에서 없어서는 안 될 광각 줌 렌즈입니다. 신형 렌즈는 좀 더 성능이 좋은 것으로 압니다. F가 빠른 이런 종류의 타입의 렌즈들은 오로라나 혜성, 은하수 촬영 등에 없어서는 안 될 그룹의 렌즈들입니다. 하지만 요즈음 미러리스의 저가 카메라와 렌즈 들도 기능적·성능적인 발전을 이룩하고 있어 선택의 폭이 넓어졌다고 볼 수 있습니다.

19

**20 일본 시그마 APO 70-200밀리미터 F2.8**

기능과 성능에 비해 저평가된 렌즈로, 줌렌즈임에도 불구하고 두 단계 정도 조리개를 조인 상태에서 좋은 성능을 보여 줍니다. 가격 대비 고성능의 망원 줌렌즈입니다.

20

**21 Celestron 14" SCT**

| | |
|---|---|
| 유효 구경 | 355.6밀리미터(14인치)<br>슈미트카세그레인 반사굴절식 망원경 |
| 초점 거리 | 3910밀리미터(154인치) |
| 구경비 | F11 |
| 경통 무게 | 20킬로그램 |

행성과 월면 확대 촬영에 전 세계 아마추어들이 가장 선호하는 망원경입니다. 대구경에 다루기 쉬운 사이즈와 편차가 적은 안정적인 성능의 가격 성능비 최고의 망원경입니다. 지금은 보유하고 있지 않지만 역시 다시 보유하고픈 망원경 중 하나입니다.

21

적도의 ADT MC 700GE + 망원경 ADT Kastron-Alpha 250CA

적도의 ADT MC200GE + 망원경 펜탁스 75SDHF 굴절,
Lunt 60mm Solar Filter

적도의 다카하시 EM11 + 망원경 펜탁스 125SDHF 굴절
+ 카메라 FLI PL9000

적도의 다카하시 NJP + 망원경 다카하시 TSC225, 펜탁스 125SDHF

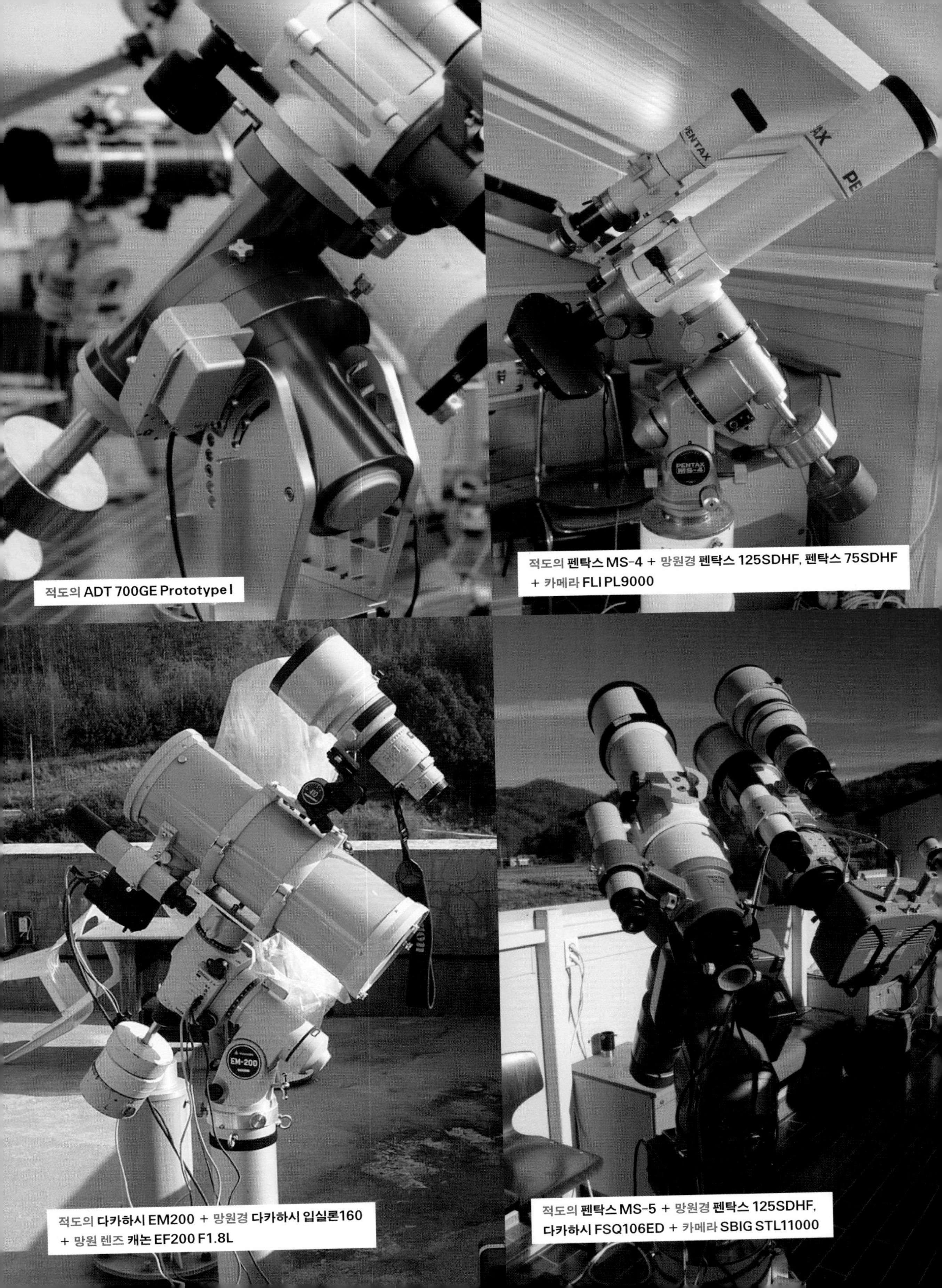


적도의 ADT 700GE Prototype I

적도의 펜탁스 MS-4 + 망원경 펜탁스 125SDHF, 펜탁스 75SDHF + 카메라 FLI PL9000

적도의 다카하시 EM200 + 망원경 다카하시 입실론160 + 망원 렌즈 캐논 EF200 F1.8L

적도의 펜탁스 MS-5 + 망원경 펜탁스 125SDHF, 다카하시 FSQ106ED + 카메라 SBIG STL11000

**1 한국 아스트로드림테크 비틀 Proto typeII : 탑재 중량 4킬로그램**

내장되어 있는 전지를 이용해 휴대성을 좋게 한 간이 별 추적기입니다. 물론 극축 망원경 축의 센터에 장착해 극축을 조정할 수 있게 되어 있기에 정밀한 극축 맞추기가 강점입니다. 결국 양산에 이르지는 못했지만 선진적인 개념과 성능 두마리 토끼를 잡은 초소형 적도의입니다.

**2 일본 다카하시 EM11 Temma2Jr. : 탑재 중량 7킬로그램**

자동 도입이 되는 적도의 중 정밀도와 신뢰도에서 최고이며 해외 원정 시 휴대 가능한 적도의입니다. 단점이라면 도입을 위해서는 반드시 컴퓨터가 있어야 하며 가격이 비싼 것입니다. 대안으로 중국의 소형 적도의들의 약진이 다카하시의 적도의 부문을 힘들게 하고 있습니다.

**3 일본 다카하시 EM200Temma2Jr. : 탑재 중량 12킬로그램**

부가 설명이 필요 없는 베스트셀러 적도의로 거의 30년 동안 디자인 변경 없이 생산을 해 오고 있습니다. 간단하고 심플한 사용법과 신뢰성으로 값싼 중국제 적도의가 발매되기 전까지 소형 시장에서 경쟁 상대가 없을 정도였습니다. 아스콤 드라이브와 각종 시뮬레이션 소프트웨어와도 호환되는 만능기입니다. 신품가가 비싸고 A/S가 어려우며 기계적으로는 백래시 조절이 힘들다는 것이 단점입니다.

**4 일본 펜탁스 MS-4 : 탑재 중량 15킬로그램**

생산 종료된 지 오래 된 적도의로 현대의 사진 촬영 기술에 걸맞게 개조가 이루어져야 했습니다. 하지만 기계적으로 완성도가 높으며 뛰어난 정밀도 높은 탑재 중량으로 혹 중고의 구입 기회가 있다면 주저 말고 도입함을 권해 드립니다. 사용해 본 덩치 대비 탑재 중량이 장사였던 기억입니다. 정밀도는 차라리 덤입니다.

**5 일본 펜탁스 MS-5 : 탑재 중량 30킬로그램**

역시 생산 종료된 지 오래된 적도의입니다. 일본의 기계 제조 기술이 뛰어날 때 생산된 모델로 그 자부심을 느낄 수 있을 정도의 우직함과 강성은 사용하는 내내 놀라움을 금치 못했습니다. 자동 도입 장치로 개조한 적도의는 50킬로그램이 넘는 RC망원경으로 정밀한 사진 촬영이 가능할 정도의 강성과 정밀도를 보여 주었던 적도의입니다.

**6 일본 다카하시 EM500 TypeII : 탑재 중량 23킬로그램**

다카하시의 EM시리즈 중 하나입니다. 하지만 작은 웜휠의 하우징의 디자인적인 문제를 극복하지 못하고 덩치에 비해 힘을 못 쓰는 구조라는 것이 안타까웠습니다. 하지만 기계적인 신뢰성은 뛰어나서 과하지 않은 무게의 망원경이라면 안정적인 추적과 정밀도를 나타냅니다.

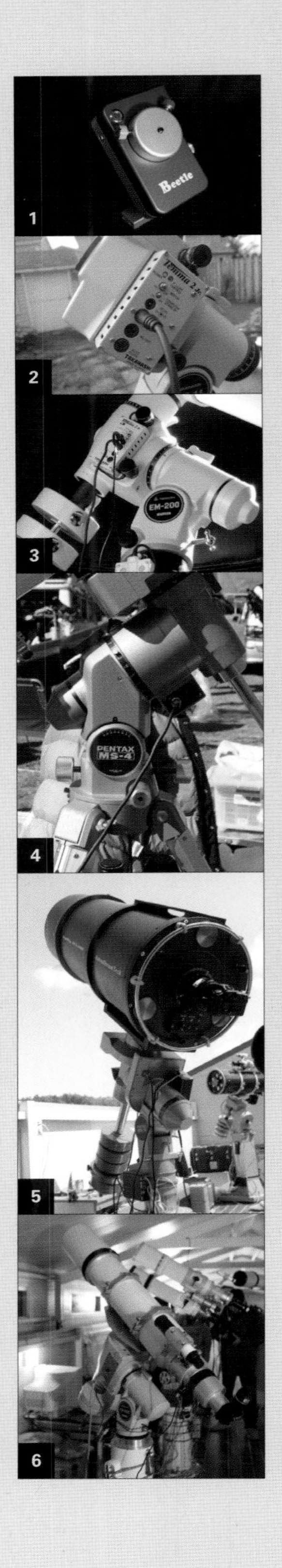

1
2
3
4
5
6

**7 미국 아스트로피직스 1200GTO : 탑재 중량 30킬로그램**

자작 12인치와 많은 사진을 촬영케 해 준 적도의로 뛰어난 현재적인 기능과 성능으로 사랑을 받습니다. 물론 추적 가이딩 성능에서도 부러울 것이 없는 적도의로 많은 아마추어의 사랑을 받습니다. 하지만 백래시 조절의 불편함과 유지 보수에 약간 비합리적인 부분이 있습니다. 그리고 업체의 탑재 중량에는 조금 의문이 남습니다.

**8 한국 아스트로드림테크 200GE : 탑재 중량 16킬로그램**

국산 제품으로 나무랄 데 없는 신뢰성과 정밀도, 그리고 선진적인 기능들이 특징입니다. 물론 A/S 면에서도 외국산제품과는 격을 달리합니다. 사진 촬영과 안시에 있어서 다양한 기능들을 활용할 수 있으며 어떤 면에선 역사가 짧은 만큼 가장 선진화된 라인업이라 할 수 있습니다. 가격이 비싼 것이 흠이라면 흠입니다.

**9 한국 아스트로드림테크 300GE : 탑재 중량 22킬로그램**

덩치에 비해 큰 웜휠을 쓴 것이 특징입니다. 꽤 높은 탑재 중량은 아마추어 천체 사진가에게 새로운 기회일 수 있습니다. 현재 새로운 모델로 업그레이드가 되었습니다.

**10 한국 아스트로드림테크 500GE : 탑재 중량 35킬로그램**

미국의 아스트로피직스 사의 1200GTO를 벤치마킹하고 직접적 경쟁을 위해 제작한 적도의로 경량 14인치 RC까지 탑재가 가능합니다. 물론 정밀한 사진 촬영에도 대응하고 있습니다.

**11 한국 아스트로드림테크 700GE : 탑재 중량 50킬로그램**

16인치에서 20인치급의 망원경 탑재가 가능한 기종으로 대형 웜휠을 채용하고 있으며 선진적인 휴보 시스템이 적용되었습니다. 단점은 만만치 않은 가격입니다.

**12 일본 미카게 350N형 적도의 : 탑재 중량 100킬로그램**

대형 적도의로 탑재 중량이 120킬로그램 이상입니다. 탑재 중량만큼 만듦새의 강성 또한 뛰어나서 깊은 신뢰성을 보여 줍니다. 전자식 모터 클러치와 정밀한 추적 성능이 대단한 적도의입니다.

**13 일본 니콘 10센티 굴절용 적도의 : 탑재 중량 13킬로그램**

고등학생 시절에 이 망원경과 적도의를 보고는 그 아름다움에 흠뻑 빠졌던 기억이 납니다. 행성 촬영과 추적에 아직도 전혀 문제없이 대응하고 있는 아름다운 적도의입니다.

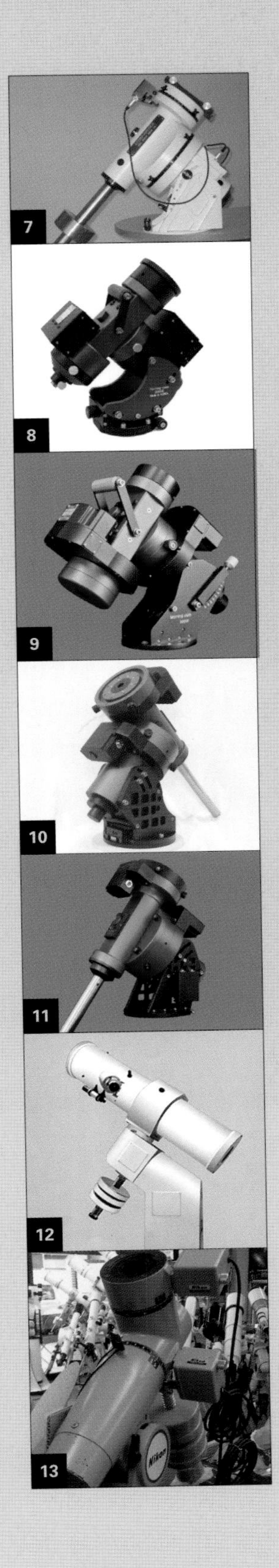

**1 캐논 EOS 20D modified**

일본 캐논의 초기 DSLR로서 노출 시간에 따른 노이즈와 고감도 노이즈 그리고 붉은색 영역에서 낮은 감도 등 부족한 점은 있었으나 냉각 CCD의 대안으로 떠올랐으며 필터 개조를 통해 적색 감도를 높여 천체 사진에 충분히 활용 가능했습니다.

**2 캐논 EOS 5D, 5D MarkII, 5D MarkIII**

많은 기술적인 발전과 이미지 처리 프로세싱 기술의 발달로 천체 사진에 지속적으로 쓰이게 되면서 천문 사진 분야에서 캐논 붐을 일으켰던 제품군입니다. 최신 제품은 높은 감도와 장노출에서도 노이즈가 많지 않아 천체 사진에 가장 많이 애용되어 왔습니다. 하지만 큰 덩치와 무게 등으로 원정 촬영에는 적지 않은 부담이었습니다. 물론 가격 또한 만만치 않았습니다. 이런 틈을 타서 미러리스 카메라가 약진했습니다. 최근에는 노이즈가 적고 색 밸런스가 좋은 미러리스 카메라들이 국산을 비롯해 많이 출시되고 있는 상황입니다.

**3 필립스 ToUcam Pro**

행성 촬영 시 동영상으로 촬영해 이미지 프로세싱을 통해 해상도를 높이는 기법으로 처음 촬영할 수 있게 해 준 컴퓨터용 웹 동영상 카메라입니다. 훨씬 해상도가 높은 사진을 촬영할 수 있게 되었습니다.

**4 QHY-5 Color**

중국제 동영상 카메라로 좀 더 넓은 면적에 가이드 CCD로서의 사용도 가능해 인기를 끌던 카메라입니다. 최근에는 감도가 더 좋으며 초당 프레임 수가 높은 후속 버전이 인기를 끌고 있습니다.

**5 DMK 21 mono**

잘 만들어진 만듦새와 동영상 고배율 촬영에 적합한 설계와 성능으로 많은 행성 촬영가들이 사용하고 있습니다.

**6 SBIG ST-10XE**

블루밍이 있기는 하나 높은 감도와 적고 일정한 노이즈 패턴으로 많은 천체 사진가들이 장초점에 활용했던 카메라로 저 역시 이 카메라로 많은 은하 사진을 촬영할 수 있었습니다. 뛰어난 냉각 성능과 고감도에 비해 비싼 가격과 블루밍을 처리하는 테크닉이 필요한 것이 단점입니다.

### 7 SBIG STL-11000

큰 CCD 면적으로 필름 사이즈와 동일합니다. 가장 대중적인 모델이며 전 세계 천체 사진가들이 가장 많이 사용하는 칩을 이용합니다. 적색 감도가 상대적으로 약하지만 많은 정보량으로 사진을 촬영할 수 있는 이점이 있습니다. 단점이라면 불규칙하게 많은 노이즈와 이에 따른 거친 화면 그리고 상대적으로 낮은 감도를 들 수 있습니다. 하지만 넓은 면적의 CCD에 목말라 했던 천체 사진가들에게 좋은 해결책이 되었습니다.

### 8 FLI PL-9000

우연한 기회에 손에 넣게 된 CCD로서 사용해 본 CCD중에서는 만듦새와 성능 면에서 발군이었습니다. 노이즈는 규칙적이며 적고 감도 또한 매우 높아 짧은 단위 노출로도 사진이 완성되는 경험을 했습니다. 단점이라면 무겁고 큰 카메라와 매우 비싼 가격입니다. 다시 손에 넣고 싶은 카메라입니다.

### 9 QSI 583WSG

비축 가이드(off-axis guide)가 내장된 타입의 CCD 카메라로 가격 대비 만듦새와 성능이 좋아 많은 천체 사진가들이 현재 가장 많이 사용하는 CCD라 할 수 있습니다.

### 10 QHY-8 Color CCD, QHY-10 Color CCD

중국제 CCD로 저가격의 강점을 내세워 선택의 폭이 적은 천체용 CCD 시장에 큰 영향을 주었던 카메라입니다. 16비트의 강점과 높은 감도 그리고 적은 노이즈로 인기를 끌었지만 제반 소프트웨어의 미비와 강성이 부족한 마무리 등이 단점입니다.

### 11 SXV 25MC Color CCD

영국제 카메라로 컬러 CCD를 사용하고자 하는 천체 사진가에게 어필해 한때 새로운 대안으로 떠오르기도 했습니다. 하지만 노이즈가 적고 사용이 편한 것에 비해 감도가 약간 낮은 듯한 것이 단점일 수 있습니다.

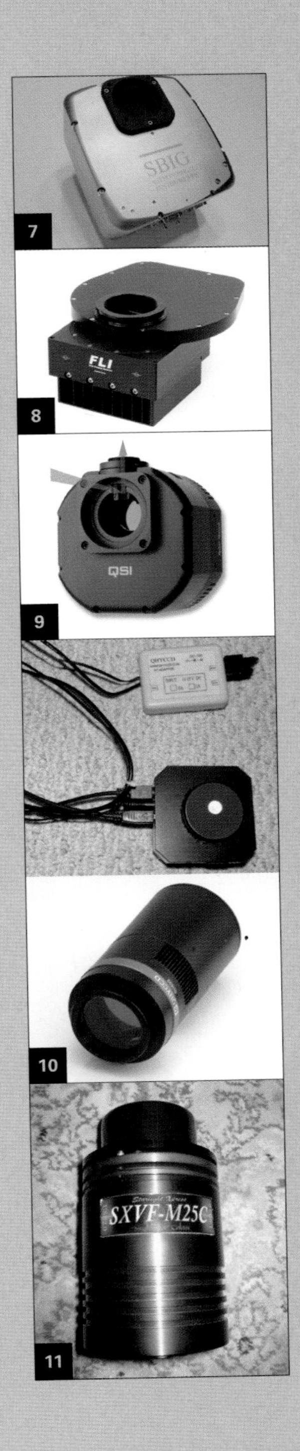

적도의 다카하시 EM11 + 망원 렌즈 캐논 EF200 F1.8L, 캐논 FD300 F2.8L

적도의 다카하시 EM11 + 망원경 다카하시 FSQ106 + 카메라 FLI PL9000

적도의 다카하시 EM200 + 망원경 Meade SN10

적도의 미카게 350N + 망원경 펜탁스 150ED 굴절

# 별빛 방랑

1판 1쇄 펴냄 2015년 3월 6일
1판 3쇄 펴냄 2017년 9월 22일

지은이 황인준

펴낸이 박상준
펴낸곳 (주)사이언스북스
출판등록 1997. 3. 24.(제16-1444호)
(06027) 서울특별시 강남구 도산대로1길 62
대표전화 515-2000, 팩시밀리 515-2007
편집부 517-4263, 팩시밀리 514-2329
www.sciencebooks.co.kr



ISBN 978-89-8371-716-0 03440